做事先做人，保持平常心

做个有出息的青少年

青田◎编著

中国纺织出版社有限公司

内 容 提 要

人生在世，无非两件事，做人做事，而做事要先做人。做人要常怀一颗平常心，保持平常心，能让我们不再患得患失，获得心灵真正的平静，收获健康和幸福。

本书将平常心融入日常生活的做人和做事两大活动中，阐释修养心灵、为人处世的道理。本书文字清新隽永，带给我们心灵的温暖和滋润，体会人生的平凡真谛，窥见生活的处处禅机，平凡人生中活出从容。

图书在版编目（CIP）数据

做事先做人，保持平常心／青田编著. --北京：中国纺织出版社有限公司，2020. 9

（做个有出息的青少年）

ISBN 978-7-5180-7455-6

Ⅰ. ①做⋯ Ⅱ. ①青⋯ Ⅲ. ①人生哲学—青少年读物 Ⅳ. ①B821-49

中国版本图书馆CIP数据核字（2020）第085252号

责任编辑：闫 星　　责任校对：韩雪丽　　责任印制：储志伟

中国纺织出版社有限公司出版发行

地址：北京市朝阳区百子湾东里 A407 号楼　邮政编码：100124

销售电话：010—67004422　传真：010—87155801

http: //www.c-textilep. com

中国纺织出版社天猫旗舰店

官方微博 http://weibo.com/2119887771

三河市宏盛印务有限公司印刷　各地新华书店经销

2020年9月第1版第1次印刷

开本：880 × 1230　1/32　印张：6

字数：108千字　定价：25.00元

前言

有人说，人生无非两件事，做人和做事，做事先做人，如大仲马所说：“烦恼与欢喜，成功和失败，仅系于一念之间。”而托马斯·杰斐逊曾说：“一个人如果态度正确，便没有什么能够阻拦他实现自己的目标，如果态度错误，就没有什么能够帮助他了。”这两句话告诉我们，做人先要有良好的心态。王尔德也曾说过：“人真正的完美不在于他拥有什么，而在于他是什么。”的确，心态掌控了人的行动和思想，也决定了我们内心是否平静和快乐，我们是否感到幸福，并不是因为我们身在何处或拥有何物，而是取决于我们的心态，也就是我们是如何看待周遭的人、事、物的，心态积极，就会拥有积极的人生。而这需要我们有一颗平常心。

在当今社会，无论是做人做事还是工作生活，平常心都是不可或缺的一部分，如果没有平常心，行走在人生中就会患得患失，自私自利，心灵难有真平静。修炼平常心，我们就能对外界的“花花绿绿”“流光溢彩”不生非分之心，不做越轨之事，不做虚幻之梦。

拥有一颗平常心，尤为重要：

拥有一颗平常心，你就能静观沧桑、在潮起潮落的人生舞台上挥洒写意人生；

拥有一颗平常心，你就可以“宠辱不惊，看庭前花开花落；去留无意，望天上云卷云舒”；

拥有一颗平常心，你就可以看淡人生得失，福祸自便，淡然面对；

拥有一颗平常心，你就可以在物欲横流的滚滚红尘中，为自己的心灵留一方清静，就能洞察世事，获得真正的心灵的安宁。

平常心是一种不可小视的力量。然而，我们都是世俗中的人，要做到这点并不容易，生活太琐碎、工作太忙碌、人际交往太复杂，太多的外在因素，使得我们的心变得焦躁不安，人们也在努力尝试各种方法，然而，我们需要的并不是那些技巧，而是需要以一个局外人的身份、以一种不带任何偏见的眼光审视自己，这就是收获平常心的全部秘密。

既然如此，何不从今天开始化繁为简、回归本源，重新用平常心去参透贫富、成败、磨难、名利、荣辱和生死，以一种健康的心智去认认真真地生活，去感受生命的快乐呢？

接下来，我为大家推荐这本书，这是一本具有思辨性质的心灵佳作，它从平常心的深层含义入手，对平常心进行了有趣生动的解释，针对人们所遇到的每一个问题进行全方位的阐述，并提出建议。阅读完本书后，相信你会有所收获，同时清除掉那些干扰我们前进的心灵污垢，使你能够创造幸福和健康。

编著者

2020年2月

目录

上篇　以平常心做人，以进取心做事

下篇　平常心处世，善待你我他

上篇

以平常心做人，以进取心做事

第1章　静心沉淀自己，是内心安宁的法则

生活中，我们发现有这样一些人，他们似乎只有与众人相处的时候才能获得快乐，一旦离开人群，他们就觉得无法适应。其实，这都是内心浮躁的表现。不得不承认，我们周围的世界时刻发生着变化，然而，只有内心平静，才是获得幸福的根本。摒弃浮躁，需要我们学会享受一个人的生活、享受寂寞，学会关注自己的内心。总之，只有内心宁静，才能做到随遇而安，知足常乐。

寂寞岁月，才是心灵成长的契机

我们都知道，人的成长是自我意识逐渐形成和独立的过程，真正的自我会伴随着身体的成长而一同成长。有句话说得好，成长是痛苦的，越长大越孤单，因为成长需要我们从稚嫩的自我中不断剥离。孩童时代，在父母长辈的庇佑之下，我们完全依赖于家人，不必为衣食住行担忧，我们的自我意识处于懵懂状态，我们可以放声地哭、放声地笑，没有过多的顾虑，更不必掩饰和伪装。因而，童年成了我们生命中最自然、最纯真的年代，童年的经历成了我们一生中最美好的记忆，我们沉浸其中，享受生命的美好，没有什么快乐能够代替童年的欢

笑。然而随着年龄的成长，我们就会发现自己与家人、长辈的距离越来越远了，我们发现，他们根本无法理解我们。于是我们逐渐学会了隐藏喜怒哀乐，发现自己开始孤单起来。再到我们可以独当一面时，我们发现，自己学会了自我保护，同时也更感到了寂寞与孤独。

可以说，孤独是成长所带来的不可避免的产物。然而，一些人却不愿正视这一点，于是，他们宁愿加入到一些狐朋狗友中，甚至用酒精、迷幻药来麻醉自己，尽管如此，他们依然感到空虚。

事实上，只要我们能坦然面对成长的苦恼，学会享受一个人的寂寞，并在寂寞中反省自我，那么，你会发现，寂寞还能帮助我们做到自我审视和反思，进而帮助我们更好地成长。让我们先来看看富兰克林的故事。

富兰克林并不是出身官宦之家，他小的时候家境很贫穷，他只在学校读了一年书就不得不出去工作。但童年的艰辛并没有磨灭他的理想和意志，反而激励他更加努力。最终，他成功了，他成为了美国人心中杰出的政治家和外交家。其实，富兰克林并不是天才，除了刻苦勤奋外，他是不是还有什么成功的秘诀呢？在富兰克林的身上，有一种非常重要的品质，那就是经常独处、反省自己。正是这种品质，促使他不断地发现自己的缺点，不断改进，从而成为了一个拥有很多美德的人，最终走向了成功。

每天晚上，富兰克林都会问自己：“我今天做了什么有意义的事情？”

他检讨自己的缺点，发现自己有13种严重的缺点，而其中最为严重的是，喜欢与人争论、浪费时间、总被小事扰乱心绪。他通过深刻的自我检讨认识到：如果要成功，就一定要下决心改造自己。

于是，他设计了一个表格，表格的一边写下自己所有的缺点，另一边则写上那些美好的品质，如俭朴、勤奋、清洁、谦虚等。他每天对照表格检查，反省自己的得与失，立志改掉缺点，养成那些美德。这样持续了几年，他终于成功了。

从这个故事中，我们不难发现，让自己安静下来，学会在寂寞中反省，是提升自己的最好方法，它能让我们看清自己的不足、长处，甚至找到人生的目标。

苹果前首席执行官乔布斯曾经说过：“你的时间有限，所以不要为别人而活；不要被教条所限，不要活在别人的观念里；不要让别人的意见左右自己内心的声音。最重要的是，勇敢地去追随自己的心灵和直觉，只有自己的心灵和直觉才知道你自己的真实想法，其他一切都是次要的。”不得不承认，在成长的过程中，我们都强调个性与追求自我，然而，不少人又是一群害怕寂寞与孤独的群居动物，他们常常会因为孤单、寂寞而去纠缠别人，似乎只有和他人相处才能感受到自我的存在。实际上，这不仅会影响他人的生活，还会损害人与人之间的情感，因为每个人都渴望拥有独立的空间，不希望打扰。

我们每个人每天都要面对学习和生活，总是马不停蹄地奔跑，我们似乎很少静下心来，思考人生，思考自己。但你是否反思自己：立身于尘世中太久，你是否经常有种孤独、寂寞、窒息的感觉？你知不知道自己要的到底是什么样的生活？你的心是否曾经被一些自私自利的狭隘思想笼罩过？你是否已经变得人云亦云？为此，处于闹市中的我们，都要做到经常安静下来，给自己一段寂寞的时间，这样，你才能做到独立思考。要做到这点，就需要养成在独处和寂寞中倾听内心声音的良好习惯。你一个人待着时，是感到百无聊赖、难以忍受呢，还是感到一种宁静、充实和满足？对于有"自我"的人来说，独处是让内心清静下来的绝好方法，是一种美好的体验，固然寂寞，却有利于我们灵魂的生长。

总之，心灵的成长需要与寂寞为伴，它能带给我们理性、自主和超越。学会与寂寞同行，我们的心才不会迷失，我们也能避免原地踏步，更能找到前方的路。

褪去浮躁，收获恬适心灵

现代高速运转的社会让生活中的我们变得浮躁起来，在灯红酒绿的都市生活中，到处充满着诱惑，能做到静下心来的有几人？在充斥着各种颜色的生活中，人心浮躁，人本性中的单纯、质朴早已被我们甩在了身后。也许在这个快节奏的时代，我们真的走得太快了，是该停下脚步的时候了，等一等被我们丢远的灵魂。这样，才能让自己的心静下来，思索我们的人生。

当我们心情浮躁的时候，又怎能感受到那份宁静的幸福呢？曾经有一个百岁老人谈起他的长寿秘诀："我每活一天，就是赚一天，我一直在赚。"这就是生命的真谛：豁达、坦然。

尘世中的我们，又是否有这样一种安然、宁静的心呢？你是否深思过自己是否已被这纷乱的世界扰乱了思绪呢？你还是原本的那个自己吗？

的确，当今社会，我们总是不断地接受着来自物质引诱的各种考验，很多时候，我们在追求目标的过程中，可能并没有意识到自己的心灵已经被那些虚幻的美好理想束缚了。生活远没有理想那么简单，理想的存在固然可嘉，可我们更要做的是如何让理想接受现实的催化。就像一件被打造的利器，不经过熟火的炙烤和重锤的锻造，怎么能够握在战士的手中？清空你的心灵，再行注满，你就会接受失败的馈赠，成功的赏赐。

那么，心灵里会有什么垃圾呢？对曾经的成功、过时的褒奖、短暂的胜利、过期的佳绩的迷恋，当然，还有失望、痛苦、猜忌、纷争……而静心就是把自己当人看，既然是人就有人的样式，有自己的优点更要正视自己的缺点。你的优点可以促使你成功，缺点又何尝不会让你在平淡乏味的生活中体会到意外的精彩呢？每个人的生活都可以丰富多彩，不要让生活因为你的缺点有所欠缺。谁知道清空之后心灵会有什么改变呢！

对此，我们要懂得调节。

第一，学会独处。让自己内心平静的方法莫过于独处，上一支檀香，一壶水，一缕清茶，一盏杯。水从高处慢慢冲入杯中，一切仿佛慢了半拍，茶叶在水中翻转腾挪，一缕香气弥漫出来，心境逐渐随之平静。实际上，人生本如茶，一泡洗净铅华，二泡三泡满品精华，四泡五泡回甘。

第二，和自己比较，不和别人争。你没有必要嫉妒别人，也没必要羡慕别人。你要相信，只要你去做，你也可以的。我们要为自己的每一次进步而开心。

第三，经常反省自己。人虽然是不断前进的，但前进的过程中，难免会出现一些阻碍、陷阱等。一个人想不迷失自己，就应时时反省自己，排除前进道路上的种种诱惑和阻碍，从而使人生之路越走越宽。

第四，心情烦躁时，多做一些安静的事，例如，喝一杯白开水，放一曲舒缓的轻音乐，闭上眼，回味一下身边的人与事，对新的未来可以慢慢地梳理，既是一种休息，也是一种冷静的思考。

第五，多阅读、提升自己。阅读实际上就是一个吸收养料的过程，你的求知欲在呼喊你，要活着就需要这样的养分。

很多时候，人们之所以生活得快乐，是因为心思简单；之所以内心平静，心态平和，是因为心胸开阔，豁达大度；之所以从容自如、气定神闲，是因为内心宁静、淡定。总之，我们发现，只有定期给自己复位归零，清除心灵的污染，才能更好地享受工作与生活。

慢下来，享受一个人的生活

你是否有过这样的经历：紧张忙碌的工作之余，你离开办公桌，沏一杯咖啡，来到窗前，静静俯瞰这城市中匆匆行走的人们，是否觉得自己累了太久，寂寞好难得？在万籁俱寂的子夜时分，你沉沉地睡去，但一想到次日依旧要面临繁杂的工作、生活，你是否觉得心力交瘁？你听够了上司的训导，同事的唠叨，孩子的哭闹，家人间的争吵，你是否很渴望独处？

的确，在人的一生当中，寂寞、独处的时间实在太少了，尤其是在这喧哗的世界里，难得寂寞一回！在大都市里，寂寞真的是一种少有的平静，没有压力，没有喧哗，只有安静，只有自己的呼吸，只有平平淡淡。在万物沉睡的凌晨，在肃静的内室之中，或是在空旷的郊野，在所有这些寂寞的时候，凡尘的繁琐事务离我们远去了，忧虑与烦忧也不再侵害我们，我们的内心自然会生出许多平安欢喜的感激之情。此时思绪静止，内心安详而淳朴，你会感到一种与天地同在的醉意。

事实上，内心淡定的人，即使再忙碌，也会偷出空闲，滋养自己。他们像秋叶一样静美，淡淡地来，淡淡地去，给人以宁静安详之感。当白日的尘埃落定，他们会在灯下读点书，修复日渐粗粝的灵魂，使自己依然温婉和悦。朱自清先生在散文《荷塘月色》中写过这样一段话："我爱热闹，也爱冷静；我爱群居，也爱独处。"人在独处之时可以想许多事情，可以不受他物的牵绊，让自己的思想尽情遨游，在深思熟虑中获得生命的体验与感悟。这便是孤独的妙处吧。

曾经有个服刑的犯人在监狱中写下了一篇悔恨的日记：

自从穿上了这身囚服，我才知道什么叫寂寞，我才发现自由是多么可贵。仿佛我感到一种无法倾诉的无奈，仿佛广袤的沙漠里没有一丝风。牢房里，虽然不乏各种新闻，也不乏各种话题，但我都不感兴趣。环境特殊吧，彼此都害怕对方窥视自己的内心世界，所以人人都不得不心墙高筑。在这种氛围里，那份孤独就显得更加沉重，人也更加百无聊赖。

于是，为了打发时光，空余时间我便拿出书来读。刚开始，我看的是一些修养身心的书，我不急不躁，细嚼慢咽，居然读了进去。接下来，我又喜欢上了一些道德、法律方面的书，竟让我读出了心得，读出了情感。到后来，我已不光读，而是在"听"了——听哲人谈人生道理，听名人谈生活经验，听学者谈对世事的看法，听强者谈怎样面对挫折。

时间久了，读的书多了，我才发现自己真的错了。以身试法是多么愚蠢啊！不过现在还来得及，于是，我拿起久违的笔抒发对亲人的思念、检讨曾经的得失……一篇文章的构思过程，就是一次心灵净化与充实的过程，虽然难免有忧伤，有惆怅，但却不浮躁，不空虚。曾经失落、沮丧的心绪已渐渐舒展，漫长的时光已不再无聊，不再孤寂。这是否算是一种境界，一分收获？

我曾经暗叹漫长的牢狱生活，如今却发现如果能够做到把刑期当学期，便可以学到许多对自己有用的知识。学会在寂寞中充实自己，人生才会感到充实，才能得到许多意想不到的收获！

看到这篇日记，我们不得不感到欣慰，孤寂的牢狱生活并没有让他再次堕落，而是选择了以读书来充实自己的内心。的确，心与书的交流，是一种滋润，也是一种内省与自察。伴随着感悟与体会，淡淡的喜悦在心头升起，浮荡的灵魂也渐归平静，让自己始终保持着一份纯净而又向上的心态，不失信心地介入现实，介入生活，创造生活。尘世中的我们，是否有这样一种安然、宁静的心呢？你是否深思过自己是否已被这纷乱的世界扰乱了思绪呢？

生活中的人们，我们也要学会享受生活、享受寂寞。为此，当我们独处时，我们可以有很多选择，比如旅游。旅游是很多现代城市人放松自己的方法。长时间游走于钢筋混凝土中的人们，应回归到大自然中去。山区或海滨周围的空气中含有较多的阴离子，而阴离子是人和动物生存必要的物质。空气中的阴离子越多，人体的器官和组织所得到的氧气就越充足，新陈代谢机能变强，神经体液的调节功能增强，有利于促进机体的健康。身体越健康，心理就越容易平静。

再如，读书。读感兴趣的书，读使人轻松愉快的书。读时漫不经心，随便翻翻；但抓住一本好书，则会爱不释手，那么，尘世间的一切烦恼都会抛到脑后。

听听音乐也会让你的身心放松下来。音乐是人类最美好的语言，听好歌，听轻松愉快的音乐会使人心旷神怡，沉浸在幸福愉快之中而忘记烦恼。放声唱歌也是一种气度，一种潇洒，一种解脱，一种对长寿的呼唤。

总之，寂寞是一种宝贵的情感，平庸的人总不能够享受寂寞，难以在寂寞中寻求灵魂的清静与成长，而内心淡定的人则能抓住难得的寂寞时间来洗涤自己的心灵，享受一个人的美妙世界！

放下各种包袱，让心灵轻松下来

对于所有的人而言，在来到人世间的时候，都是赤裸裸的，所有的东西都处于“零”的状态。随着不断地成长，我们渐渐有了很多需求，诸如亲情、友情、爱情、恩情等。只有拥有了这些东西，我们的人生才会变得更加丰富，更加精彩，生命也会因此而变得越发健康和充实。

人生就像一个天平，只有保持平衡，才能更加平稳。这就要求我们必须学会接纳和承受。而很多时候，人们往往因为太执着，背负着太多的思想包袱，才会什么也放不下。要想使自己变得轻松愉快、自由自在，就要尽量放轻松些，不要被沉重的思想包袱压得气喘吁吁。只要放下那些包袱、烦恼、不愉快的往事，才能快乐地、轻松地享受生活，才能体会到人生真正的幸福。

人不能活在未来，因为未来是未知的，非常神秘；人也不能活在过去，因为过去已经成为了历史，一去不返，无法改变；人唯一能够真切把握的就是今天，所以我们要活在当下。很多时候，人们无限憧憬美好的未来，把一切希望都寄托在虚无缥缈的未来上，因此浑浑噩噩地生活；很多时候，人们因为过去所犯的错误而久久不能释怀，甚至因此而惩罚自己。其实，这两种做法都是不正确的。正确的做法是把握好今天，活在当下。假如一味地沉湎于过去的往事，特别是那些不愉快的经历，不仅会破坏你的好心情，还会损害你身体和心灵的健康；假如一味地沉湎于过去的光荣事迹，就会使你不停地抱怨现状。俗话说，好汉不提当年勇，正是为了让人们在今天再接再厉，努力地生活。

一个年轻人走在路上时，遇到了一位年长者，年长者眼泪婆娑。年轻人感到很好奇，便上前问道：“老人家，您为什么会这么悲伤啊？”

老人抬了抬头，然后诉苦到：“我真是命苦啊！少年时，我听说国王喜欢与武者为友，于是我便拜了一位武者为师，可当我学成之后，这个皇帝已经驾崩了。后来，我又听说新皇帝喜欢与文人交往，于是，我又拜了个秀才为师，然而，待我学成后，皇帝又喜欢与少者为友，而我那时已两鬓斑白。就这样，我最后一事无成。现在我走在街上，忽然想起了这些经历，所以才在此痛哭啊！”

这位老者文武俱通，不可不谓是个人才，但他却不懂得放下，因此到最后一事无成。事实上，人的生命毕竟是有限的，有时候，我们对于某些目标的成功也都是幻想，是不可能实现的，如果你把你毕生的时间都花在了坚持那些无谓的执念上，那么，当你年迈之时，只能悔之晚矣。而学会放下那些执念，你才可能充实人生，迎来新的生活。

古人云：无欲则刚。真正地放下，才是一种大智慧、一种大境界。因为不属于我们的东西实在太多了，只有学会放弃，才能给心灵一个松绑的机会。表面上看，放下了就意味着失去，所以是痛苦的；然而，如果你什么都想要，什么都不想放下，那么，最终你什么都得不到。人生苦短，无非几十年，有所得也就必有所失。只有我们学会了放弃，我们才会拥有一份成熟，才会活得坦然、充实和轻松。

研究人员经过研究也证实，那些总是沉湎于过去，特别是对自己以前的遭遇愤愤不平，或是懊悔自己曾经失去机会的人，他们的健康状况远远不如普通人，他们对疼痛更加敏感，而且更容易生病。看到这里，也许有人会认为自己应该着眼于未来。而研究人员同样证实，过于关注未来发展尽管不会损害你的健康，但却会阻碍人们享受自己当下所拥有的一切。只有那些努力享受当下，从过去的经历中汲取经验并且合理计划未来的人，才是最健康、最快乐的人。实际上，过于纠结于过去的往事，会使人们的心灵背负沉重的包袱，无法得到放松。

安东尼·罗宾在演讲的时候，总要对年轻人说："今天才是我们生活的日子，也是我们在历史上唯一生存的一段时间，所以，所谓'美好的古老时光'指的就是今天。只有今天，才是属于我们的时代。我不曾向你们诉说悲惨的一面，也不曾向你们描绘美好的一面，更不会向你们灌输过度的克服生存危机的乐观思想。我唯一想要告诉你们的是，生活中，每一个人都无法避免变化和挫败。" 由此可见，对于任何一个试图克服生存危机、更好地生活的人而言，都必须让生命回到现在。

佛教有云：应病予药、应机说法；一切都是唯心所现，唯识所变。殊不知，人生真正的快乐在于放下多少，而不在于拥有多少。只要我们真正放下那些沉重的包袱，就能够自然而然地境由心转，海阔天空。在这个世界上，正是因为沉湎于过去的伤害和问题，人们才难以摆脱愤怒、沮丧、痛苦和绝望的情绪。事实证明，越是念念不忘过去的事情，那些事情就会变得越来越沉重，你的心情也就会变得越来越糟糕。只有让过去的成为过去，彻底放下或者忘记，你才能轻松地继续前行。

静下心来，才能活出透彻的人生

两千多年前，古希腊有一位哲学家叫迪奥尼斯。

他是个思想怪异的人，经常会在大白天提着灯笼穿梭在大街小巷。人们问他在找什么？他回答道："我正在找人，人都迷失到哪里去了呢？"

原来，当时的雅典经济繁荣，然而，正是因为物质的充裕，导致了很多人被荣华富贵迷住了双眼，出卖了自己和灵魂，迷失了自己。所以哲学家奔走呼吁：人们呐，千万不要迷失自己！故此，"认识你自己"这句话，便被镌刻在古希腊德尔菲神庙顶上。

古人尚且深知要把握自己，不要迷失自己，而在逐步现代化的今天，我们生活的周围，却总是不断上演着"迷失自己、沦落陷阱"的悲剧。多少为官者在声色犬马中逐渐失去自己当初做人的原则，不惜牺牲人民的利益，最终被绳之以法；又有多少年轻人经不住外界的诱惑，放纵自己，甚至以身试法，最终自食其果。

的确，在这个纷攘嘈杂的世界，金钱、美色、权力、地位、名声充斥了整个现实生活，给了人们太多的诱惑，于是人们更多地注重对身外之物的关注和追求，迷失在物欲的横流中。这个事实引人深思，发人深省。事实上，只有那些内心淡定的人，才能看清楚自己而不至于迷失自己，他们无论是处于逆境还是顺境，也不管这个世界是浮华还是痛苦，他们总能保持平静的心态。

当然，要让自己活得明白，就需要我们做到：

首先，静下心来，认识自己。这并不意味着我们要放弃对物质生活的追求，相反，我们应该努力劳动、努力工作，去追求自己想要的生活。劳动与工作是一个人存在的价值。然而，有些人却在这过程中进入了误区——遗忘、迷失了自己。你始终不能忘记的是，自己才是主人公，是追求美好生活的主人公。因此，首先必须认识自己，好好地问一问自己：为这个世界做了什么？留下了什么？

其次，要树立正气。人们常说，心底无私天地宽，无论是社会还是个人，都需要正气，它指引我们正确做人、正确做事。有了正气，我们就能看穿欲望陷阱，就能不迷失自己。

最后，要学会享受一个人的寂寞，学会在独处中反省自己。一个人若想活得明白，就不能浑浑噩噩地活着，而应该做到经常反省自我，反省自己的德行、过失等，当然，这需要我们学会享受宁静。

不要迷失自己，就要懂得享受宁静。脱下白领的衣服换上流行时装走进灯红酒绿的地方，随着灯光的闪烁人们摇摆着头甩着头发，好像是现在许多人放松的一种方式。然而，这真是一种解脱放松的方式吗?

坚守一份执着，在迷茫的水面稳驾一叶轻舟；不再迷失自我，在喧嚣的尘世保持一份静默。迢迢暗夜，望一柄北斗为我们引路；茫茫雾海，燃一盏心灯为我们导航。可以一无所有，不能失去的是可贵的自信与执着。

在人生发展的道路上，我们选择如何继续往前走，决定了我们生命的高度。一些人贪图享乐，甚至总是愿意一条道走到黑，他们浑浑噩噩地度过每一天，在错误的道路上越走越远，甚至在追逐已定目标的道路上逐渐迷失了自己。因此，我们每个人都应该学会正确地定位自己、认清自己，看到自己的价值，然后找准目标，挖掘到自己的内在动力，再朝着正确的方向努力，这样你就能充分发挥自己的价值。可以说，这样的人生才是“明白”的人生。而在灯红酒绿的现代社会，我们要想活得明白，就一定要静下心来，要告诉自己，绝不能迷失自己，不管遇到多大的风浪都要坚定自己的立场。

第2章　宁静致远，繁华世界享受平淡之美

我们都知道，人是欲望和需求不断膨胀的动物，也正是不断增长的渴望，才使得一个人不断成长。但欲望是人痛苦的根源，因为欲望永不能被满足。然而，在这个纷攘嘈杂的世界中，金钱、美色、权力、地位、名声充斥了整个现实生活，给了人们太多的诱惑。若想获得幸福和快乐，做到控制自己的欲望，就要做到静心；我们不必追求什么超然的人生境界，只要我们学会用一颗纯洁的心灵、乐观的心情和善良的心肠真实地去对待生活，用心去感受生活的可贵，领悟生活的真谛，保持一种恬淡的心情，轻松地去享受人生的一些小乐趣就足够了。

欲望有毒，别让它控制你

在物质财富极大丰富、文化多元的现代社会，人们的需求和欲望不断地膨胀，很容易在追求物质的感官享受中逐渐迷失了自我，像一艘失去航向和动力的大船，或远离航道，或停滞不前；事过之后才清醒，却只有追悔莫及，抱憾终生。有人说，欲望是一把双刃剑，他可以成为我们的信念，支撑我们渡过难关；但是欲望也像鸦片，容易上瘾。皮埃尔·布尔古说过：“人们常常听到这样一句话：‘是欲望毁了他。’然而，这

往往是错误的。并不是欲望，而是无能、懒惰，或糊涂毁了人。”

曼谷的西郊有一座寺院，因地处偏远，一直非常冷清。

原来的住持圆寂后，索提那克法师来到寺院做新住持。初来乍到，他绕着寺院四周巡视，发现寺院周围的山坡上到处长着灌木。那些灌木呈原生态生长，树形恣肆而张扬，看上去随心所欲，杂乱无章。索提那克找来一把园林修剪用的剪子，不时去修剪一棵灌木。半年过去了，那棵灌木被修剪成了一个半球形状。

僧侣们不知住持意欲何为，便问索提那克法师，法师却笑而不答。

这天，寺院来了一个不速之客，来人衣着光鲜，气宇不凡。法师接待了他，寒暄，让座，奉茶。对方说自己路过此地，汽车抛锚了，司机正在修车，他进寺院来看看。

法师陪来客四处转悠。行走间，客人向法师请教了一个问题：“人怎样才能清除掉自己的欲望？”

索提那克法师微微一笑，转身进内室拿来那把剪子，对客人说：“施主，请随我来！”

他把来客带到寺院外的山坡。客人看到了满山的灌木，也看到了法师修剪成型的那一棵。

法师把剪子交给客人，说道：“您只要能经常像我这样反复修剪一棵树，您的欲望就会消除。”

客人疑惑地接过剪子，走向一丛灌木，咔嚓咔嚓地剪了起来。

一壶茶的工夫过去了，法师问他感觉如何。客人笑笑："感觉身体倒是舒展轻松了许多，可是日常堵塞心头的那些欲望好像并没有放下。"

法师颔首说道："刚开始是这样的。经常修剪，就好了。"

来客走的时候，跟法师约定他十天后再来。

法师不知道，来客是曼谷最享有盛名的娱乐大亨，近来他遇到了以前从未经历过的生意上的难题。

十天后，大亨来了；十六天后，大亨又来了……三个月过去了，大亨已经将那棵灌木修剪成了一只初具规模的鸟。法师问他，现在是否懂得如何消除欲望？大亨面带愧色地回答说，可能是我太愚钝，眼下每次修剪的时候，能够气定神闲，心无挂碍。可是，从您这里离开，回到我的生活圈子之后，我的所有欲望依然像往常那样冒出来。

法师笑而不言。

当大亨的鸟完全成型之后，索提那克法师又向他问了同样的问题，他的回答依旧。

这次，法师对大亨说："施主，你知道为什么当初我建议你来修剪树木吗？我只是希望你每次修剪前，都能发现，原来剪去的部分，又会重新长出来。这就像我们的欲望，你别指望能完全消除，我们能做的，就是尽力把它修剪得更美观。放任欲望，它就会像这满坡疯长的灌木，丑恶不堪。但是，经常修剪，就能成为一道悦目的风景。对于名利，只要取之有道，用之有道，利己惠人，它就不应该被看做是心灵的枷锁。”

大亨顿悟。

此后，随着越来越多香客的到来，寺院周围的灌木也一棵棵被修剪成了各种形状。这里香火渐盛，日益闻名。

的确，我们心中的欲望，有时就像树木长出的枝蔓，稍不留神就一个劲地疯长，遮盖了我们的视野，甚至连心灵的光明也都遮住了。只有不断修剪，才能让我们的眼界豁然开朗！

中国人常说：“欲望无止境。”孔子也曾说过一句很有名的话：“富与贵，是人之所欲也，不以其道得之，不处也。贫与贱，是人之所恶也，不以其道去之，不去也。”意思是：富贵是每个人都想要的，但如果不是用光明的手段得到的，就不要它。贫贱是每个人所厌恶的，但如果不是以正大光明的手段摆脱的，就不摆脱它。也就是说，我们每个人都有追求成功和幸福的欲望，但不能被欲望控制。

对某些人来说，生命是一团欲望，欲望不能满足便痛苦，满足了便无聊，人生就在痛苦和无聊之间摇摆。这样的人生无疑是可悲的。

尼采说，“人最终喜爱的是自己的欲望，不是自己想要的东西！”能够控制欲望而不被欲望征服的人，无疑是个智者。被欲望控制的人，在失去理智的同时，往往会葬送自己。

其实，生活越简单，生命反而越丰富，尤其是少了物质欲望的牵绊，我们越是能够从世俗名利的深渊中脱身，感受到自己内心深处的宽广和明净。因此，每一个人都应懂得修剪自己的欲望。

很多人都明白，贪欲会把人带向罪恶的深渊，让人失去理智；它可以使人相互摧残，甚至使最好的朋友都能反目成仇。贪字头上一把刀，一旦人的内心被贪欲所吞蚀，那他必将被其毒害……

人生如同一条河流，有其源头，有其流程，当然也有其终点。而不管其流程有多长，有多短，终究都会到达终点，流入海洋。那么在我们活着的时候，有什么欲望是一定非要满足不可的呢？

知足常乐，心静自然幸福

人活在这个世界上，无非是为了使自己更加快乐幸福而已。而要学会快乐地生活，最重要的是要摆正自己的心态。拥有一份恬淡的心境，对于万事万物，不骄不躁，那么，你就懂得了幸福的真谛。然而，现代社会中的人们，就如忙碌的蚂蚁一般，他们总是脚步匆匆、心事重重，他们为家庭和工作，年复一年，日复一日，像牛一样辛勤耕作，到头来搞得面色欠佳，疲惫不堪，成了“亚健康”患者。《红楼梦》中说得好：“说什么脂正浓，粉正香，如何两鬓又成霜？昨日黄土垄头送白骨，今宵红绡帐底卧鸳鸯。”世事无常，人生匆匆，唯有一颗单纯的心才会让人幸福快乐。

我们先来看下面这样一则寓言故事：

一只正在偷食的老鼠被猫逮住了，老鼠哀求：“请放过我吧，我会送给你一条大肥鱼。”猫说：“不行。”老鼠继续说：“我会送给你五条大肥鱼。”猫还是不答应。老鼠仍不死心：“你放了我，以后我每天送给你一条大肥鱼。逢年过节，我还会拜访你。”

猫眯起眼睛，不语。

老鼠认为有门儿了，又不失时机地说：“你平常很少吃到鱼，只要肯放我一马，以后就可以天天吃鱼。这件事情只有天知地知，你知我知，其他人都不知道，何乐而不为呢？”

猫依然不语，心里却在犹豫：老鼠的主意的确不错，放了它，我能天天吃到鱼。但放了它，它肯定还会偷主人的东西，胆子会越来越大。我再次抓住它，怎么办？放还是不放？如果放，它就会继续为非作歹，主人会迁怒于我，把我撵出家门。那时，别说吃到鱼，就连一日三餐都没了着落。如果不放，老鼠或其同伙就会向主人告发这次交易，主人照样会将我扫地出门。如果睁只眼闭只眼，主人会认为我不尽职守，同样会将我驱逐出去。一天一条鱼固然不错，但弄不好会丢掉一日三餐，这样的交易不划算。

想到这些，猫突然睁大眼睛，伸出利爪，猛扑上去，将老鼠吃掉了。

猫是聪明的，它的选择也是正确的。面对老鼠的许诺，它最终还是选择了一日三餐，因为一日三餐便是它的底线。猫当然希望一日一鱼，但连起码的一日三餐都保不住的话，一日一鱼便成了水中月、镜中花。

的确，人之所以不快乐，就是因为不知足。实际上，人类自身的实际需求是很低的，远远低于欲望。房子再怎么大，也只能住一间；衣服再高贵，身上也只能穿一套；汽车再多，也只能开一辆在街上跑。能够认清楚这一点，那么我们就能够活得更加从容一点，更加豁达一点。更重要的是，我们将会有更多的时间和精力，来进行一些精神层次的追求和享受。

在俄国诗人涅克拉索夫的长诗《在俄罗斯，谁能幸福和快乐》中，诗人找遍俄国，最终找到的快乐人物竟是枕锄瞌睡的农夫。是的，这位农夫有强壮的身体，能吃、能喝、能睡，从他打瞌睡的倦态中以及打呼噜的声音中，无不飞扬和流露出由衷的开心。这位农夫为什么能开心?不外乎两个原因，一是知足常乐，二是劳动能给人带来快乐。

法国杰出的作家罗曼·罗兰说得好："一个人快乐与否，绝不依据获得了或是丧失了什么，而只能在于自身感觉怎样。"

可能自从你走出学校后，就一直在努力奋斗，而现在的你也已经有了自己的事业，甚至日进斗金，腰缠万贯。但你发现没有，你很难快乐起来。那么，你要反省一下，你的生活中可能缺少了点什么？那就是一份平和的心态。要知道，金钱的拥有和生活的快乐并无因果关系。一个人只要心地平和，就可以活得快乐；一个人积极向上，虽苦犹甜；投机作懒，身子清闲未必真快乐。

的确，人类最大的悲哀莫过于拿自己有限的生命去追逐无限的欲望。这个世界上有太多美好的事物，我们每个人都不可能得到所有，所以一定要学会知足，只有知足，才能长乐。一个人若是被欲望所左右，就会变得可怕，或许他们的物质条件会越来越好，但却会在永无止境的追求当中迷失了许多宝贵的东西，以至于从来没有享受过真正的快乐，绚丽的外表下藏着一颗空虚的心灵，而且他的一生注定要被痛苦纠缠。

生活在这个世界上是很不容易的，而生命却是有限的，所以我们要把有限的生命投入到无限的快乐生活中去。因此，从现在起，你不妨放下无止境的欲望，学会知足吧：

当你每天为了养家糊口而奔走工作的时候，你应该感谢上苍，因为你拥有家人；

当你和你的那个他（她）发生矛盾争吵的时候，你应该庆幸，你已经寻找到了那个即将与你相守一生的人；

当你听到父母的唠叨而飞奔出门的时候，你应该感谢上苍，因为你还有老人可以尽孝；

当你没有汽车代步而骑自行车的时候，你应该感谢上苍，让你拥有健康。

总之，无论在什么时候，无论在什么地方，我们都要学会知足、学会感恩。假如你没有惊天动地的大事情可以做，那么就做一个小人物，做慈祥的父母、做孝顺的儿女，做忠贞的爱人！

追赶功名利禄，只能让你殚精竭虑

自古以来，功名利禄就像一个明星一般，有数不清的追随者，可以说，当今世人没有谁能回避得了名利二字！只不过有的人名小，有的人名大；有的人利少，有的人利多。有的人为出大名获大利，追求了一生一世。也许人们觉得，只有获得了名利，才会感觉到快乐，但果真如此吗？答案是否定的，适度地追求名利是可取的，但如果你放任自己对名利的欲望，使之超出理智的话，那么，就会常常迷失自我，甚至葬送生命。

的确，名利是一把双刃剑，关键看我们怎么掌握，掌握好了我们会一路光明，风光无限好；而掌握不好，也可利令智昏，损人亦损己。因此，没有名利，我们也不可太过焦躁；有了名利应当加倍珍惜，如果过分看重它，往往就会为其所累，以致身疲力竭得不偿失。毕竟人活着不是为了名利，而是为了人生的幸福和快乐。

春秋战国时期，越王勾践经过20年的卧薪尝胆后，终于一雪前耻，灭掉了吴国，这是众人皆知的故事，但越王勾践之所以能成功，得归功于越王的臣子范蠡。范蠡不但是一个忠心耿耿的臣子，还是一个懂得为人处世的智者。

勾践的确是一个能吃苦耐劳之人，然而，能与之共苦，却不能与之同甘。范蠡被任命为大将军后，自忖长久在得意之至的君主手下工作是危机的根源，于是他便向勾践表明了自己的辞意。勾践并不知道范蠡的真实意图，于是拼命挽留他。但范蠡去意已定，搬到了齐国居住，自此与勾践一刀两断，不再往来。

移居齐国后，范蠡不问政事，与儿子共同经商，很快成为富甲一方的大富翁。齐王也看中了他的能力，想请他当宰相，但被他婉言谢绝了。他深知“在野而拥有千万财富，在朝而荣任一国宰相，这确实是莫大的荣耀。可是，荣耀太长久了反而会成为祸害的根源”。于是，他将财产分给众人，又悄悄离开了齐国，到了陶地。不久后，他又在陶地经营商业成功，积存了百万财富。

范蠡确实是个聪明的人，能帮助越王勾践重获江山；更难能可贵的是，他更懂得在受功之时全身而退。他之所以这样做，个中原因必定也与其深谙人生幸福之真谛有极大的关系吧。

诚然，社会竞争之激烈要求我们做到不断充实自己，否则，将很容易会被社会淘汰。但如果一味地以追名逐利为目的，那么，在不断的追逐中，我们终将会失去自我而成为名利的奴隶。因此，我们需要常常自省，检查自己的行为与思想是否偏离了人生的轨道。

轻看名利淡如水。人生于世，若能学水的清澈本性和“利万物而不争”的品格，则不仅精神居于高处，人生也将进入开阔处。要达到如此境界，最需摆脱名缰利锁的束缚。雁过留声，人过留名，想留个好名声，无可厚非，但却不能为名所累。若淡泊名利，不为名利而争，人生必甚畅意。须知，“家有黄金万两，每日不过三顿；纵有大厦千座，每晚只占一间”。

在名利面前，英雄岳飞仰天长叹“三十功名尘与土”，把功名视为尘土；唐代大诗人杜牧歌曰“莫言名与利，名利是身仇”，都可谓淡然与洒脱。

古人云：“天下熙熙，皆为利来，天下攘攘，皆为利往。”司马迁也说：“君子疾没世而名不称焉，名利本为浮世重，古今能有几人抛？”由此可知，淡泊名利甚难，笑看人生亦难，说起来轻松做起来难，就连儒家大师朱熹也感叹道：“世上无如人陷欲，几人到此无误平生。”没有一定的身心修养和良好的心理素质，就不要去想淡泊名利，笑看人生的做人哲理了。众多的学问家都是淡泊名利的佼佼者，他们对个人的名利常常采取漠然冷淡和不屑一顾的态度，而把主要精力放在对理想、事业的追求上。

相反，把目光放在名利上，其害无穷。名利不至，烦恼倍生；名利如同大山压于心头，再无继续前进的勇气；名利已取，烦恼不减，因为还有更大的诱惑刺激，永远不会有满足的时候；恼恨如海之大潮，一浪高过一浪，激人肝火，动人心性，以至不知路该怎样走，人该怎样做；为谋名利，有人甚至会背弃做人的准则。正如古人所说：“利旁有倚刀，贪人还自贼（自害）。”

我们常常为一日三餐疲于奔命，也常常为薪酬待遇而斤斤计较。而如果我们能静下心来梳理一下自己迷乱的心灵，你会发现，对于名利，只要你看淡一点，你就会拥有一个好的心境。天雨人悲、月黯神伤的困惑便会离你而去；无论何时，你都会平平淡淡、开开心心。淡泊名利了，你就会感到人生的美好和生活的温馨！

人生沉浮，用平常心看待

生命是个奇怪的东西，自打我们来到人世，似乎就在为所谓的幸福努力着，很多人毕生都在奋斗，努力证明自己生命的不凡。有的人选择了用事业上的成功来证实，有的人用不断争取来的权势来证实，有的人凭借巨额财产来证实，有的人用满腹的才华来证实……有些人成功了，也有一些人失败了。面对人生沉浮、得失荣辱，他们倾注了太多的精力，给自己施加了太多的压力，于是，他们一生都在忙忙碌碌，到头来却不知道自己在忙什么。这样的人生是注定悲哀的。所谓的名利、金钱，到头来不过是一场空，只有平静看待我们才能收获幸福，我们才能更好地走好前方的路。

和煦的春风里，师傅带着小和尚来到寺庙的后院，打扫冬日里留下的枯木残叶。小和尚建议说：“师傅，枯叶是养料，快撒点种子吧！”

师傅曰：“不着急，随时。”

种子到手了，师傅对小和尚说：“去种吧。”不料，一阵风起，撒下去不少，也吹走不少。

小和尚着急地对师傅说："师傅，好多种子都被吹飞了。"

师傅说："没关系，吹走的净是空的，撒下去也发不了芽，随性。"

刚撒完种子，这时飞来几只小鸟，在土里一阵刨食。小和尚急着对小鸟连轰带赶，然后向师傅报告说："糟了，种子都被鸟吃了。"

师傅说："急什么，种子多着呢，吃不完，随遇。"

半夜，一阵狂风暴雨。小和尚来到师傅房间带着哭腔对师傅说："这下全完了，种子都被雨水冲走了。"

师傅答："冲就冲吧，冲到哪儿都是发芽，随缘。"

几天过去了，昔日光秃秃的地上长出了许多新绿，连没有播种到的地方也有小苗探出了头。小和尚高兴地说："师傅，快来看呐，都长出来了。"

师傅却依然平静如昔地说："应该是这样吧，随喜。"

这则故事告诉我们，人生无常，但只要我们保持内心平静，那么，无论外在世界怎么变化莫测，我们都能坦然面对，做到不为情感左右，不为名利所牵引，从而洞悉事物本质，完全实事求是。

然而，"宠辱不惊，看庭前花开花落；去留无意，望天空云卷云舒"，这份闲散与安逸，对于现代社会的人们来说，或许真的是一种奢望。每个人都有决定自己生活的权利，何必把自己搞得那么累。放慢你的脚步，尽情地呼吸，尽情地欢笑，让生活中多一些温馨，让生命中少一份遗憾。有人说，旅途是繁忙的，必须抓紧时间赶路；有人说，旅途是悠闲的，应该缓缓而行；还有人说，旅途的终点是归宿，何来紧迫与悠闲……

的确，宠辱不惊的人在面对生活的快意和失意之时都会有一种淡然的心态，会懂得如何对待与处理问题。

首先，他会明确自己的生存价值，能够以这样的格言来勉励自己："由来功名输勋烈，心底无私天地宽。"一个人若心中无过多的私欲，又怎会患得患失呢?

其次，他会认清自己所走的路，不过分在意得失，不过分看重成败，不过分在乎别人对他的看法。他会坚信：只要自己努力过，只要自己曾经奋斗过，做了自己喜欢做的事，心里还有什么放不下的呢?诚然，有时候，我们会遭遇一些恶劣的命运，但除了认清事实、勇敢接受外，我们还必须努力改变现状，争取走出困境，重新赢取美好的生活。当然这个过程，必定是个经受痛苦的过程，因此，保持一份平常心就尤为重要，否则，人就会永远在痛苦中打转，找不到解脱的光明之路。

人的一生，会遇到成功，也会遇到失败，有一帆风顺的惬意，也有遭受挫折的沮丧，有不期而至的欣喜，也有排遣不去的惆怅，曲曲折折，是是非非，如何面对，关键是心态问题。适时调整好自己的心态，真正做到去留无意，也不是一句话的问题。

首先，我们需要拥有一颗感恩的心，善于发现事物美好的一面，感受平凡中的美丽，那我们就会以坦荡的心境，豁达的胸怀来面对生活中的每一份酸甜苦辣，让原本平淡乏味的生活焕发出迷人的色彩。你会发现，磨难与逆境也不过是飘来的一片“浮云”，挫折也是人生的一笔财富。没有挫折的人生，从某种意义上来说是黯然失色的。说“挫折是人生的财富”，最主要的一点是挫折会让我们变得聪明，变得坚强，变得成熟，变得完美。当然，这首先需要我们经得住挫折。

再者，我们需要拥有一份平常心。人生不可能总是大红大紫，不可能总是处于巅峰状态，也有可能处于低谷，也可能遭遇不顺，这就是人生。但总的来说，人生是平淡的，对待平淡的人生，我们也应该让自己的心静下来。懂得了这个道理，得意时你才不至于猖狂；失意时你才不至于绝望；孤独时才不会心情惆怅。

总之，人生的平淡和起起伏伏都是一种生命的轨迹，而只有内心平和的人才能体味其中的真谛。因此，我们不妨以平常心看待生活，用心去享受简单生活中的快乐、幸福！

繁华世界，要享受平淡之美

生活在商品经济的大潮里，每个人都要面对物欲横流的红尘世界的诱惑。那些纷纷扰扰的现实，时刻都在迷惑着人们的眼球，欲望追求加快了人们前进的脚步，总觉得不远处的鲜花和掌声正在向我们招手，不容我们用更多的时间去欣赏周遭的风景。当我们殚精竭虑地攫取了满怀的鲜花之时，抑或白发苍苍时，突然就会发现曾经在路边绽放的盈盈小花更加惹人爱怜，然而，我们常常已没有机会再回头去观赏它的淡雅美丽了。

可见，我们要懂得享受那些平淡的快乐，要明白一切繁华皆是过眼云烟。

曾经有这样一个故事：

一个秋日的午后，一个渔夫正躺在沙滩上打盹儿。这时，一位来此观光旅游的富翁吵醒了他。富翁说："老兄，天气这样好，您今天一定打到了很多的鱼。"渔夫摇摇头。

"您觉得不舒服吗？"

"我的身体棒极了。"渔夫站起来，舒展着四肢。

富翁显出困惑的表情："那您怎么不去打鱼？"

"我已经打过了。我的筐里有四只龙虾，还捕到了二十几条青鱼，我甚至连明后天的鱼都有了。"

富翁激动起来："但是请您想一想，要是您每天出海两次、三次，甚至四次……您就能捕到更多的鱼啊！"

"打那么多鱼干什么？"渔夫问。

"打了鱼，卖掉，然后买一条渔船，出海去捕更多的鱼，再赚更多的钱。"富翁认为有必要给渔夫订一个人生规划。

"赚了钱再干什么？"渔夫仍显出那副无所谓的样子。

"组织一支船队，然后就能赚更多的钱。"富翁心里直笑渔夫的愚钝不化。

"赚了更多的钱再干什么?"渔夫已准备回家了。

“开一家远洋公司，不光捕鱼，而且运货，浩浩荡荡地出入世界各大港口，赚更多更多的钱。有朝一日您还可以建一座冷库，盖一座熏鱼厂……您甚至可以坐着直升机飞来飞去找鱼群，用无线电指挥你的渔轮作业。您可以取得捕大马哈鱼的权力，开一家活鱼饭店，无需通过中间商就直接把龙虾运往巴黎，然后……”富翁兴奋得说不出话来。

渔夫拍拍他的背，好像在拍着一个呛着的孩子：“然后怎么样？”

富翁被渔夫激怒了，没想到自己反倒成了被问者：“当然是为了享受生活！”

渔夫笑了：“我每天钓上几条鱼，其余的时间嘛，我可以在暖和的阳光下打打盹儿，还可以眺望大海，看看朝霞，欣赏落日，会会亲戚朋友。我已经在享受生活了，只是您照相机的咔嚓声把我打扰了。”

富翁和渔夫，究竟谁的快乐才是真的快乐，我们不得而知，因为每个人的人生价值都各不相同。但从中，我们得知一个道理，有时候，人们苦苦追寻的目标，却远不及当下已经拥有的生活。在渔夫看来，富翁奋斗一生所追求的幸福生活，正是自己正在享受的生活：钓鱼，晒太阳，与老婆孩子过着平淡悠闲的日子。区别只在于，富翁度假之后，需要回到他的公司，继续经营他的产业，渔夫则继续他几乎一成不变的生活。

事实上，现实生活中，很多普通人的心态，却与渔夫大相径庭，他们过着万万不能“没钱”的生活。所以，人们有理由认为富翁是幸福的，因为可以到山清水秀的地方度假，因为有财富有马仔可以支配。可怜的绝大多数还没有成为富翁的人只能用毕生时间去追求财富，按照富翁指引的方向和方式为钱而奔波，且不知道能否最终成为富翁。而事实上，他们在寻找财富这一棵大树的同时，却忽视了原本就可以为自己带来快乐的大片森林，诸如亲情、友情等。

是啊，有时候我们苦苦追求的所谓幸福与快乐，其实就在眼前，只是我们不知道珍惜和知足而已。我们中的很多人，也许经过多年的打拼和艰苦的奋斗，也会有所成就，然而，难道一生就如此忙碌地拼搏到死吗？其实，享受真正的人生之旅比直到那旅程结束时还没有感受到快乐重要得多。

人是一种有着美好憧憬的动物，年轻时，我们总是想着等到老了以后，得到了许多物质的满足之后，再去好好享受，再去环球旅行；当我们有了孩子的时候，总是惦记着让子女好好享受。至于自己到底需不需要享受，自己什么时候享受，从不去认真考虑。所以，事实上，很多人不会享受。享受生活归根结底是一种心境，关键在于寻找快乐的人生，而快乐并不在于其拥有多少、获得多少，生活的物质水平如何，而是在于怎样看待周围的人和事，怎样让自己有一颗接纳一切快乐事物的心。

生活的意义在于感受幸福，在于享受此刻的生活。幸福和爱向来都是孪生兄弟，哪里有爱，哪里就会有幸福的花朵盛开。

第3章　静心明思，让躁动的心归于平静

“宁静可以致远”，一个人只有在内心平静的时候，大脑才会更加清醒，身心才能彻底放松下来。我们生活的环境越是浮躁、焦虑，我们就越是需要时间宁静地独处。倘若你能够时常留出时间来独处，甚至享受孤独和寂寞的滋味，那么你必定拥有一颗成熟的、淡定的、平静的心灵。

一门心思做事，别关注太多

人生在世，谁都希望自己走得是一条光明的康庄大道。但我们的精力是有限的，要想有所建树，我们就不可能关注太多，否则，只会乱了心神。尼采曾经说过这样一段话：“若是对自己周围的事物都有兴致，那最后你只能成为一事无成的空壳；一些人将目标投向各种事物只是为了填补内心的空虚。诚然，好奇心会激发我们身上的潜能，然而，人生苦短，我们没有精力去经历所有事，应该趁着年轻时脚踏实地，认清自己前进的方向，并沿着这一方向不断钻研，这样一定能令自己更加贤明与充实。”很明显，尼采的这段话是要告诉我们，要趁年轻，专注于一件事，并脚踏实地去做。伊格诺蒂乌斯·劳拉有一句名言：“一次做好一件事情的人比同时涉猎多个领域的人

要好得多。”在太多的领域内都付出努力，我们就难免会分散精力，阻碍进步，最终一无所成。

福韦尔·柏克斯顿认为，成功来自一般的工作方法和特别的勤奋用功。他坚信《圣经》上的训诫：“无论你做什么，你都要竭尽全力！”他把自己一生的成就归功于“在一定时期不遗余力地做一件事”这一信条的实践。

然而，现实生活中，我们发现，有这样一些人，他们似乎总是心浮气躁，有太多的空想，要么同时对很多事都感兴趣，要么当手头事出现阻碍时就把目标转移。但是，任何目标的实现，不仅需要耐心的等待，而且还必须坚持不懈地奋斗和百折不挠地拼搏。切实可行的目标一旦确立，就必须迅速付诸实施，并且不可发生丝毫动摇。

包维尔自小就十分喜欢摄影。大学毕业后，他喜爱摄影到了痴迷的程度，无心去挣钱工作了。从此包维尔过着简单的生活，从不理会自己的生活是富有还是贫穷，只要能够摄影也就够了。他穿着破裤子，吃着最简单的汉堡包。在别人眼里，他是困苦贫穷的象征。而包维尔自己却过得异常快乐。

在他27岁时，他的人物摄影技术开始登峰造极，成为了世界公认的人物摄影大师，并为英国首相拍摄人物照，从此一发而不可收。至今他已为全世界一百多位总统、首相拍过人像摄影，而请他摄影的世界名流更是数不胜数，排队等候一两年是常事。包维尔也成为了一个真正的世界顶尖级摄影大师。

从包维尔的故事中，我们看到，在追求人生目标的过程中，只有内心平静、做事专注的人，才能从容不迫、不骄不躁地沉淀自己，才能最终有一番成就。

通常来讲，越是有所追求、想干点事的人可能遇到的烦恼和痛苦就会越多；只要凡事达观一点，看开一点，相信自己，终会心想事成。

为此，我们需要明白一个道理：不要有太多的空想，而要专注于眼前的工作。在生活中的多数情况下，对枯燥乏味工作的忍受和含辛茹苦，应被视为最有益于身心健康的原则，为人们所乐意接受。阿雷·谢富尔指出："在生活中，唯有精神和肉体的劳动才能结出丰硕的果实。奋斗，奋斗，再奋斗，这就是生活，唯有如此，也才能实现自身的价值。我可以自豪地说，还没有什么东西曾使我丧失信心和勇气。一般来说，一个人如果具有强健的体魄和高尚的目标，那么他一定能实现自己的心愿。"

18世纪早期就读于牛津大学的圣·里奥纳多在一次给校友福韦尔·柏克斯顿爵士的信中谈到他的学习方法，并解释自己成功的秘密。他说："开始学法律时，我决心吸收每一点获取的知识，并使之同化为自己的一部分。在对一件事没有充分了解清楚之前，我绝不会开始学习另一件事情。我的许多竞争对手在一天内读的东西我得花一星期时间才能读完。而一年后，这些东西，我依然记忆犹新，但是他们，却早已忘得一干二净了。"

的确，成功者之所以成功，就是因为在专注的过程中，经过了沮丧和危险的磨炼，才造就了天才。而要做到专注，最重要的还是要做到静心，心静才能不被周围那些诱惑之事蒙蔽双眼，才能一心一意专注于手头事。

在每一种追求中，作为成功之保证的与其说是卓越的才能，不如说是追求的目标。目标不仅产生了实现它的能力，而且产生了充满活力、不屈不挠为之奋斗的意志。因此，我们需要记住的是，世事繁杂，我们不必关注太多，只要做好手头事，着眼于当下，一步一个脚印，你就会有所收获。

静下心来，你才能享受哲思之美

人是群居动物，因此，独处的时候，我们常常会感到寂寞。寂寞的时候，你是品品茶、喝喝酒，还是唱唱歌、翻翻书？你是安静地坐一坐，悠闲地散散步，还是赶快到人群中去寻找情感的共鸣、心灵的慰藉？实际上，耐得住寂寞的人，或者会排遣寂寞的人一定懂得生活；忍受得住孤独的人或者会享受孤独的人，即使成不了伟大的人物也必然会有一颗伟大的心灵。因为乐享寂寞的人的心态必定是淡定的，他们常会选择以独处的方式来思索人生、思索问题，进而提升自我。

南宋僧人曾作一偈：“身是菩提树，心发明镜台。时时勤拂拭，勿使惹尘埃。”实际上，任何一个人，行走于世的时间长了，他的身心难免都会沾染上尘世中的尘埃；如果不停下来好好清理自己的心灵，那么，我们的心很容易堆满灰尘。我们身边有很多活得洒脱、快乐的人，他们的共同特质在于，无论外界多么嘈杂，他们总会在自己的心底留一片净土。

那些真正心静的人，崇尚简单的生活，极少的抛头露面，换来的是对人生、对社会的宽容、不苛求和心灵的清净；他们像秋叶一样静美，淡淡地来，淡淡地去，给人以宁静，给人以淡淡的欲望，活得简单而有韵味。

我们再来看下面一个白领女性的微博：

夏日的晚上总算还是清凉的，看着熟睡的孩子和老公，我端起一杯冰柠檬茶，打开电脑，忙了一天，终于可以找找自己的娱乐了。

我习惯先看自己的微博。今天，不知道在朋友、同事间发生了什么样的事，看完微博后就一目了然了。看来，微博已经成了现代人互动和联系的一个重要平台，我们也已经习惯了在这里互相问候、谈论自己的家庭琐事。

有时候，觉得自己很累，尤其是白天繁重的工作压力和孩子的吵闹声，使我觉得结婚对于我来说就是个错误。但只要看到熟睡的家人，我的心又多了一份安宁。

其实我是爱好文字的，夜深人静的时候，我总喜欢写一些无关痛痒的东西，只要一下笔，心中所有的郁闷都不见了。老公也曾说我的文笔不错，问我要不要写本书。其实，我觉得，文字只是记录心情而已。

对于生活，我总是抱着知足的心态。太多的幻想都不太切合实际，过好当下的生活最要紧。所以，无论是微薄的薪水，还是全家五口人挤在八十平方米的房子里，我都觉得无所谓；我更不会去羡慕他人的大房子、他人的社会地位，等等。朋友都说，我这人看得透彻。其实，我想说的是，如果我们都能在夜深人静的时候，好好想想自己要的到底是什么，也许我们都能得到答案，也就没有了那些浮躁之气。

诸葛亮说“非宁静无以致远，非淡泊无以明志”。一个人，只有沉静下来，才会思考自己、思索人生。相反，假如我们让心随波逐流的话，那么必定流于俗套，为了眼前的浮华而拼命去追逐、去求索，这样的人生非但不能宁静，更不能淡泊。处于喧嚣的尘世中久了，你会习惯众人聚集的生活，这个时候，你已经再也忍受不了孤独，更谈不上享受孤独了。

尘世中的我们，也应该有这样一份安然、宁静的心。然而，人世间有太多会扰乱我们心绪的因素，对此，我们就需要养成在安静中思考、在独处中倾听内心声音的良好习惯。你一个人待着时，你是感到百无聊赖、难以忍受呢，还是感到一种宁静、充实和满足？对于有“自我”的人来说，独处是让内心清静下来的绝好的方法，是一种美好的体验，固然寂寞，但却有利于我们灵魂的生长。

总之，我们每个人都要做一个耐得住寂寞的人，只有这样，才能够挖掘出另一个自己；你也许会发现自己的某些惊人的力量；也可能会发现自己的缺点或者做得不够好的地方，然后加以改正，使自己不断进步，并能够扬长避短，发挥自己的最大潜能，从而不断获得成功。

果断放弃，及时回头

人生在世，我们想要的实在太多。我们都曾有自己的梦想，但我们所想要的，并不是都能得到，我们的梦想也不一定都能实现。社会大舞台上，每个人都是自己生活和生存方式的编导兼演员，只有学会正确地进行选择，有所为，有所不为，学会放弃，才能演绎出精彩的人生。因此，哲人常说，适时放弃才是明智之举。

人们执着的东西太多，或执着于名与利，或执着于一份痛苦的爱，或执着于虚无的某个梦想。直到数十年的光阴逝去后，才感叹人生的无为与空虚。很多时候，我们因为太过固执，总认为我一定要怎么样，此时，所谓的理想却成了束缚我们的负担。

其实，很多时候，人们执念的存在、放不下内心的执着，多半是因为他们做不到静下心来思考，于是人云亦云、追寻他人的脚步，我们自然无法做出明智的抉择。

因此，当你处于困顿之中、不知如何选择时，不妨沉静下来，给自己一段独立思考的时间，相信你能找到答案。

俗话说，拿得起，放得下；反过来理解放得下的人，才能拿得起；该扔的扔，有些无谓的坚持是没有任何意义的。放下既是一种理性的决策，也是一种豁达的心胸。当你学会了放下，你就会觉得，你的人生之路会宽广很多。

两个贫苦的村民靠上山捡柴糊口。有一天，他们在山里发现两大包棉花，两人喜出望外。棉花的价格高过柴薪数倍，将这两包棉花卖掉，可供家人一个月衣食丰足。当下，两人各自背了一包棉花，赶路回家。

走着走着，其中一名村民眼尖，看到山路有着一大捆布。走近细看，竟是上等的细麻布，有十多匹。他欣喜之余，和同伴商量，一同放下肩负的棉花，改背麻布回家。

他的同伴却有不同的想法，认为自己背着棉花已走了一大段路，到了这里丢下棉花，岂不枉费自己先前的辛苦？坚持不换麻布。先前发现麻布的村民屡劝同伴不听，只得自己竭尽所能地背起麻布，继续前行。

又走了一段路后，背麻布的村民望见林中闪闪发光，待走近一看，地上竟然散落着数坛黄金，心想这下真的发财了。于是赶忙邀同伴放下肩头的棉花，改用挑柴的扁担来挑黄金。

同伴仍是不愿丢下棉花，并且怀疑那些黄金不是真的，劝发现黄金的村民不要白费力气，免得到头来一场空欢喜。

发现黄金的村民只好自己挑了两坛黄金和背棉花的伙伴赶路回家。走到山下时，无缘无故下了一场大雨，两人在空旷处被淋了个湿透。更不幸的是，背棉花的村民肩上的大包棉花吸饱了雨水，重得无法再背得动，那村民不得已，只能丢下一路辛苦舍不得放弃的棉花，空着手和挑黄金的同伴回家去。

故事中的这两位村民为什么有如此的不同？很简单，因为背棉花的村民不懂变通，只凭一套哲学，便欲强渡人生所有的关卡。而另外一位村民则善于及时审视自己的行为。

的确，在追求目标的路上，应审慎地运用你的智慧，做最正确的判断，选择属于你的正确方向。同时，别忘了随时检视自己选择的角度是否产生了偏差，并要适时地进行调整，千万不能像背棉花的村民一样，要时时留意自己执着的意念是否与成功的法则相抵触。追求成功，并非意味着你必须全盘放弃自己的执着，去迁就规则，而只需你在意念上做合理的修正，使之契合成功者的经验及建议，即可走上成功的轻松之道。

诚然，在激烈的社会竞争中，离不开胆魄、勇气、意志力，并且需要思想和智慧。一个没有头脑的人，一旦遇到阻碍，就会为自己设置一个“不可能”的思维模式。而事实上，只要你转换一下思维，拓宽自己的思路，出路就会出现在眼前。

当然，要想开拓思路，你就必须懂得反省，及时悬崖勒马。当我们的思维活动遇到障碍，陷入困境，难以再继续下去的时候，往往都有必要认真检查一下：我们的头脑中是否有某种定势思维在起束缚作用？我们是否应该换个角度去看问题了？

你需要敢于开拓和尝试。变通思维是创造性思维的一种形式，是创造力在行为上的一种表现。思维具有变通性的人，遇事能够举一反三，闻一知十，做到触类旁通，因而能产生种种超常的构思，提出与众不同的新观念。科学领域中的任何建树，都需要以思维的变通为前提。一般来说，变通思维用好了，就会起到一种“柳暗花明”的奇妙作用。

在这个世界上，从来没有绝对的失败。在现实生活中，善于思考问题、善于改变思路的人总能给自己赢得机遇，在成功无望的时候创造出柳暗花明的奇迹。在工作中也是如此，你总会遇到各种条件的限制，但你的思路绝不能被钳制住，只要思路是活的，就一定能找到出路。

静心明思，一切自然见分晓

现代社会，凡事都向方便快捷的方向发展，不管是爱情、友情，还是工作、生活，人们总是行色匆匆，急功近利。在这种生活状态下，人际关系、工作压力等繁杂的事情，使人们在不知不觉之间就陷入各种各样的负面情绪之中，诸如烦恼、压抑和失落等。也许是人们已经对这个快餐时代感到麻木了，也许是人们已经习惯了这种紧张忙碌的生活，越来越多的人无法真正地静下心来彻底地思考自己，思索自己的人生。在情绪的怒海之中，他们宛如失去方向的一叶扁舟，不得不任不快、烦恼、茫然日复一日地折磨着自己。这样一来，必将导致失眠、精神郁闷，甚至还会患上轻度或者重度的抑郁症。

其实，要想摆脱这种状态很简单，就是安静下来，留给自己独处的时间。当你感觉情绪压抑、心情紧张的时候，当你感觉在生活中失去方向、陷入迷茫的时候，请学会安静地独处，给自己留点时间用于品味生活。找个清静的地方待一待，从纷乱嘈杂的现实中退出来；在安静、沉寂中思考自己的人生，扪心自问自己想要怎样的生活；学会独处，让自己躁动不安的心逐渐归于平静。其实，生活中的很多烦恼和不快都来自于自己的内心，要想平衡心理问题，就必须心静。

独处时的安静，并不是我们平时所说的外在世界的安静，而是身与心和谐相连时，才能达到的和谐境界。一旦我们的身与心赤裸裸地相遇，就会马上暴露出我们平常的身心相处的状态——是身心一致呢？还是身心分离呢？独处时的安静，要求我们的身心高度和谐一致，要求我们必须全身心地专注于自己的身心，只有这样，才能真正达到宁静致远的境界。

夜幕降临，喧闹的城市也已经安静下来了。

林先生和所有的城市白领一样，在忙完了一天后，准备回家，但心情郁闷的他还是决定去呼吸一下新鲜空气。今天，他和上司吵架了，他们在下半年的年度计划安排上产生了很大的分歧，上司批评了他，他在考虑要不要辞职的事。

他把车停在了护城河边上，接下来，打开了自己喜欢的轻音乐，然后靠在了椅背上，他觉得自己好累。在这家公司工作五年了，五年来，他一直很努力，但不知道为什么他好像总是得不到上司的肯定，也一直没有得到升职的机会。可以说，他在这家公司一直工作得不开心，这到底是自己的原因还是什么别的原因呢？

他反复思考着这个问题，最终，他发现，原来自己根本不喜欢这份工作。他一直倾向于设计类的工作，从大学开始，这就是他的职业理想，但毕业后的他却因为生计问题选择了现在的工作。

想通了以后，他轻松了很多。第二天，他将辞呈递给了上司，然后离开了公司，这让很多同事感到愕然，但内里原因只有他自己知道。

这则案例中，林先生为什么做出辞职这个重大决定？因为他静下心来发现，自己的职业理想并不是现在的工作。这就是独处的力量！

生活中的我们，也应该安静下来问自己，我们到底是在不断提升自己，还是只顾面子，不肯跟自己"摊牌"呢？或许有正直不阿的指导者，曾经指出你身上存在的问题，但可能你根本不愿意承认这点，因为你不愿意让他人看透自己。

所以，一切注重灵魂生活的人对于卢梭的这句话都会有同感：“我独处时从来不感到厌烦，闲聊才是我一辈子忍受不了的事情。”这种对于独处的爱好与一个人的性格完全无关，爱好独处的人同样可能是一个性格活泼、喜欢朋友的人，只是无论他怎么乐于与别人交往，独处始终是他生活中的必需。

任何一个人，只有学会倾听自己内心真正的声音，才可能不断挖掘出自身发展过程中不足的部分。面对激烈的竞争，面对瞬息万变的环境，那些不愿意反省自己或者不愿意及时改正错误的人，必将面临衰败的结局。

同时，在快节奏的信息社会中，一个人如果不能及时察觉自身的缺点，不能用最快的速度修正自己的发展方向，也必然会在学业和事业中落伍，被无情的竞争所淘汰。

在独处时，我们能从人群和繁琐的事务中抽身出来，这时候，我们独自面对自己和上帝，开始了理智与心灵的最本真的对话。

诚然，与别人谈古论今、闲话家常能帮我们排遣内心的寂寞；但唯有与自己的心灵对话、感受自己的人生时，才会有真正的心灵感悟。和别人一起游山玩水，那只是旅游；唯有自己独自面对苍茫的群山和大海之时，才会真正感受到与大自然的沟通。

冷静下来，才能看清你自己

很多时候，走在川流不息的大街上，看着熙熙攘攘、摩肩接踵的人群，我们突然间觉得很迷惑：我是谁？来这里干什么？在生活中，人们很难认清楚自己是谁，因而也就很难找到自己想要拥有什么样的生活，脚下的道路又是通往何方的。早在2000年前，古希腊人在德尔斐神庙的一侧刻上了“认识你自己”的警世之语。几千年了，这句话至今仍然在风雨之中傲视着世人。遗憾的是，迄今为止，人们仍然无法肯定地说自己已经实现了“认识自己”的远大目标。

先哲说：“人生的真谛在于认识自己，而且是正确地认识自己。”然而，我们不是在喧嚷中认识自己，也不是在人群之中认识自己，而恰恰是在寂寞的时刻认识自己，于独居的时刻认识自己，犹如深夜的月光洒落在纯净无瑕的窗户之上。任何一个拥有自我的人，都能做到静静地倾听自己内心的声音，以此认识到自己不为人知的另一面，这一面或许是为人处世中的不足与优势，或许是某种特长等。但无论是哪一方面，只要我们能及时探究出，就有利于自身的发展。

闹市中的人们是听不到自己的心底的声音的。然而，我们不难发现，我们生活的周围，一些人却把命运交付在别人手上，人云亦云，盲目跟风，他们忽视了自己的内在潜力，看不到自身的强大力量，甚至不知道自己到底需要什么，不知道未来的路在哪里。于是，他们浑浑噩噩地度过每一天，一直在从事自己不擅长的工作和事业，以至于一直无所成就。因此，我们要做到的是倾听自己内在良知的声音，寻找到属于自己的人生意义，然后勇往直前坚持到底。

可以说，我们只有在处于孤立的时候，才更易于接近我们的灵魂，从而帮助我们认识到另外一个自己。这是信仰的开始，是省悟的开始。

哈佛大学校长来北京大学访问时，曾经讲述了一段自己的亲身经历：

有一年，这个校长心血来潮，准备过一段与众不同的生活，于是，他向学校请了假，然后告诉自己家人，不要问我去什么地方，我每个星期都会给家里打个电话，报个平安。

接下来，他一个人，带着简单的行李，去了美国南部的农村，开始了他所谓的与众不同的生活——农村生活。他到农场去打工，去饭店刷盘子。在田地做工时，背着老板吸支烟，或和自己的工友偷偷说几句话，都让他有一种前所未有的愉悦。最有趣的是最后他在一家餐馆找到一份刷盘子的工作，干了四个小时后，老板把他叫来，跟他结账。老板对他说："可怜的老头，你刷盘子太慢了，你被解雇了。"

三个月后，这个"可怜的老头"重新回到哈佛，回到自己熟悉的工作环境后，却发现，一切原本熟悉的东西顿时变得新鲜起来了，工作成为了一种全新的享受。

可能对于这位哈佛校长来讲，这三个月的经历，简直就像一个调皮的孩子搞的一次恶作剧，新鲜而有趣。自己原本洋洋自得，甚至呼风唤雨的哈佛大学校长职位，自己原本认为的博学与多才，在新的环境中一文不值。更重要的是，回到一种原始状态以后，就如回到了同儿童眼中的世界，也不自觉地清理了原来心中积攒多年的“垃圾”。

不得不说，随着生活节奏的越来越快，竞争的越来越激烈，人们的物质需求也越来越多。然而，假如不能很好地认识自己，知道自己所真正追求的是什么，不知道人生的目标，那么，就很容易形成自满、自负、自我陶醉的心理，甚至还会产生虚荣心理。

在物质利益的诱惑面前，很多人把持不住自己，盲目地为了追求利益而做出很多有违人性的事情；还有的人虚荣心膨胀，喜欢哗众取宠、炫耀自己，无法客观地、正确地评价自己。与此相反，还有的人总是喜欢和比自己能力强或者物质条件好的人相比，很容易产生无能心理，觉得自己一无是处，因而自我贬低……

为了避免上述种种情况的发生，我们每一个人都应该正确地认识自己，意识到每个人都有自己的长处和短处，都有自己拥有而别人没有的东西，都有属于自己的幸福。只有这样，才能以平静的心态坦然地面对生活。

第4章　人生浮沉，始终走好自己的步调

生活中，我们每个人的故事，都是充满悲悲喜喜的，有成功，也有失败；有得意之作，也就有失意之作；有过艰辛，当然也伴随着快乐。成功如何？失败如何？其实，这些都是生活的插曲而已。我们的故事、他人的故事都还在延续，凡事顺其自然，把一切交给时间来处理，才会获得平静的快乐。你会发现，无意中，原本属于你的快乐就悄悄来到了你的身边。因此，无论我们遇到什么，我们都不必大悲大喜，应以自然、平静的心态面对，你反而会收获难得的快乐！

人无完人，别苛责自己

生活中经常有这样一些人，他们做事谨小慎微，总是认为事情做得不到位；他们对自己要求过于严格，同时又有些墨守成规。通常情况下，因为他们过于认真、拘谨，苛求自己，他们比其他人活得更累。

他们总有这种表现：如果一件事情没有做到自己满意的程度，那么必定是吃不好也睡不好，总觉得心里有个疙瘩，很不舒服。但什么事情都会有个度，追求完美超过了这个度，心里就有可能系上解不开的疙瘩。我们常说的心理疾病，往往就是

这样不知不觉出现的。过分追求完美的人总是不想让人看到他们有任何瑕疵，他们常常过分控制敌意和愤怒，给人的感觉是过分宽容，看似开朗热情，其实活得很累。

其实，人生不可能事事都如意，也不可能事事都完美。追求完美固然是一种积极的人生态度，但如果过分追求完美，而又达不到完美，就必然会产生焦躁。过分追求完美不但往往得不偿失，反而会变得毫无完美可言。

一个被劈去了一小片的圆，想要找回一个完整的自己，于是它到处寻找自己的碎片。由于它是不完整的，滚动得非常慢，从而领略了沿途美丽的景色：它和虫子们聊天，充分感受到阳光的温暖。它找到许多不同的碎片，但都不是原来的那一块，于是它坚持着寻找，直到有一天，它实现了自己的心愿。

然而，作为一个完美无缺的圆，它滚动得太快了，错过了花开的时节，忽略了虫子和花草。当它意识到这一切时，它毅然舍弃了历尽千辛万苦才找到的碎片。

这个寓言故事告诉我们：正视放弃，拒绝完美，才令我们完整。因此，日常生活中的人们，不要太苛求自己了，只有这样，你才会活得轻松。

一般来讲，追求完美是一种追求进步的表现，如果人们都满足于现状，那我们将会止步不前。因此，可以说，追求完美并没有什么不好，很多时候，精益求精对我们的能力的提升、知识、经验等方面积累都大有益处。

然而，当你已经形成一种追求完美的习惯后，你会发现，无论你做什么事情，你都会去追求极致：如果一件事情没有做到自己满意的地步，那么必定是吃不好也睡不好，总觉得心里有个疙瘩，很不舒服。

可见，凡事都有个度，追求完美到了一定的地步就变成了吹毛求疵。如果不达到想象中的彻底完美誓不罢休，那就是在和自己较劲了。长此以往，心里就有可能系上解不开的疙瘩，我们自己也会渐渐承受不了这种越来越沉重的负担。

人生不可能事事都如意，也不可能事事都完美。追求完美固然是一种积极的人生态度，但如果过分追求完美，而又达不到完美，就必然会产生浮躁。过分追求完美往往不但得不偿失，还会令自己陷入泥沼。

有这样一个笑话：一个人来到一家婚姻介绍所，进了大门后，迎面又见两扇小门，一扇写着“美丽的”，另一扇写着“不太美丽的”。这个人推开“美丽”的门，迎面又是两扇门，一扇写着“年轻”的，另一扇写着“不太年轻”的。他推开“年轻”的门——这样一路走下去。这个男人先后推开九道门，当他来到最后一道门前时，门上写着一行字：您追求得过于完美了，到天上去找吧。

笑话当然是笑话，但说明了一个道理：真正十全十美的人是找不到的，我们不要过分追求完美。

的确，世界上的很多烦恼，正是因为过分追求完美而产生的。值得我们追求的东西很多，如果我们苛求自己或别人把每一件事都做得完美无缺，那么我们将会失去很多东西。这个世上本来就没有完美的东西，如果一味地追求完美，最后得到的反而是不完美。

要知道，我们不会因为一个错误而成为不合格的人。生命是一场球赛，最好的球队也有丢分的记录，最差的球队也有辉煌的一刻。我们的目标是——尽可能让自己得到的多于失去的。那么，过分追求完美的人该如何去调整呢？

首先，不要苛求自己。你不要总是问自己，这样做到位吗？别人会怎么看呢？过分在乎别人的看法就是苛求自己，你会忽略自己的存在。

其次，要改变自己的观念。你需要明白一点，世界上没有完美的事，保持一颗平常心并知足常乐，才是完美的心境。换一种新的思路，即尝试不完美。

再次，要改变释放方式。当你心情压抑时，你要选择正确的方式发泄，如唱歌、听音乐、运动等，并且，你要抱着一种享受的心情发泄，这样，你很快会感受到快乐。

最后，让一切顺其自然。不要对生活有对抗心理。过于较真的人，他们会活得很累，因此在思考问题时要学会接纳控制不了的局面，接纳自己所做的事，不要钻牛角尖。

总之，人生是没有完美可言的，完美只是在理想中存在，生活中处处都有遗憾，这才是真实的人生。事实上，追求完美的人是盲目的。“完美”是什么？是完全的美好。这可能么？“凡事无绝对”，哪里来的“完全”？更不要提“完美”了。既然没有“完美”，那又为什么要去寻找它呢？

忍耐下来，坐热冷板凳

生活中的人们，你是否遇到过这样的情况，你在工作上并不如意：对公司给你安排的职位不满意，或被上司安排到了闲职位置上，在这种时候你该怎么办呢？

让我们看看下面这个例子。

很久以前，一位日本青年进了一家大公司，做了一名小职员。在平凡的工作中他发现公司存在许多问题，便不断给上层管理者写信，提出自己的建议。然而，他的信如石沉大海，没有一点回音。可他并没有放弃，只要发现问题，他照样写信，照样提出自己的建议……十年后的一天，他终于有了回报，他被派到一个分公司任经理。他工作非常出色，后来当了这家大公司的总经理，而这家大公司就是世界著名的佳能公司。

很明显，这位日本青年就是坐热了冷板凳。所谓“冷板凳”，就是受冷遇、不被重用、不得志的代名词。对身在职场中的人来说，都会有坐“冷板凳”的时候，关键是以何种心态对待“冷板凳”，能不能把“冷板凳”坐热，赢得“山重水复疑无路，柳暗花明又一村”的局面，重新坐到应有的位子上去。

不得不承认，被安排坐“冷板凳”，一定是有原因的，这是毋庸置疑的事实。作为当事者，与其抱怨与困惑，以致面对“冷板凳”束手无策，不如主动地分析其中原因，也许能改变自己的被动处境。

（1）大环境发生变化。人说“时势造英雄”，很多人的崛起是由环境所造成的，因为他的个人条件适合当时的环境。可是，当时过境迁，英雄无用武之地，这时候他只好坐“冷板凳”了。

（2）人才的重叠。同一专业、特长、喜好的人才多了，造成重叠，而岗位又有限，不可能都同时用上，总有人转干其他工作，从重要岗位上退居二线，导致有人成为坐“冷板凳”的人。

（3）工作能力有限。只能做一些无关紧要的事，或者工作上毫无起色，但也没差到让人开除的地步。因此，领导感到此人可有可无，当然不可能重用此人了。当然，也有人是对自身真正实力、能力、经验估计偏高，并不适应自己想要干的工作，产生被遗弃、被轻视的失落感，自认为是坐上了“冷板凳”。

（4）经常出错或错误严重。如果一个人总是出错，或者犯的错误太大，让单位遭受的损失太重，这样就会让领导对其失去信心，只好暂时将其搁置一边。

（5）领导有意考验。对于领导来说，有时培养一个人，除了让他做事以外，也要让他无事可做，一方面观察，另一方面训练。这种考验事先不会让当事人知道，知道了就不算是考验了。有的人确有能力，但放荡不羁，必须放在“冷板凳”上挫其锐气；有的人自视甚高，目中无人，心高气傲，性格急躁，不顾全局，工作没有耐性，无法与其他人正常相处，无法贯彻全局一盘棋的思想，必须放在“冷板凳”上磨砺意志，让其修身养性。

（6）人际关系的影响。人在职场，不能轻易得罪人，尤其不能得罪两类人：一类是领导面前的红人，另一类是小人，这两者都有可能把得罪他们的人推向“冷板凳”。

（7）对领导有冒犯之举。宽宏大量的领导对下属的冒犯无所谓，但下属在言语或行为上的冒犯，如果惹恼了肚量小的上司，便有坐“冷板凳”的可能。作为下属，可以不知道领导喜欢什么，但是他讨厌什么一定要清楚，一定不能碰。

（8）能力过强。下属能力如果太强，又不懂得收敛，经常抢领导的风头，让领导失去安全感，让领导感到不舒服，那么下属便会受到“冷藏”。

当然，除了以上几点之外，坐冷板凳的原因还有很多。当你坐了冷板凳后，一定要及时找到原因，而不是整天怨天尤人。然后，你需要调整自己的心态，将冷板凳逐渐坐热。这时候，你需要做的就是：

（1）提高自身水平。坐冷板凳，正是你不被重用的时候，此时，你不妨利用空出来的时间多学习、提高工作水平，他日时来运转时，你也就能做到厚积薄发、一飞冲天。如果你自暴自弃，那么恐怕就要坐到屁股结冰了，而且一旦出现对你不好的评价，你就很难有翻身的机会了。

（2）建立良好的人际关系。有人说，墙倒众人推，当你坐冷板凳时，自然有一些势利小人会趁机打击你。所以，你更应该广结善缘，不要表现自己以前如何如何强，因为所有的一切都已成为历史，对你现在是没有任何帮助的；而且“当年勇”也会使你坠入“怀才不遇”的情境中，徒增自己的苦闷而已！

（3）更加敬业。虽然你做的是小事，但也要一丝不苟地做给别人看！别忘了，很多人正冷眼旁观，不要让他们再抓到什么把柄。

从以上几个方面努力，即使你现在正在坐冷板凳，那么，你也一定会坐热。不管你为什么会坐上冷板凳，你都要冷静下来，然后以此为磨炼自己的机会。你需要记住的是，任何工作，只要坚持下去，无论现状如何，最终会出现转机。

以平常心看待事物，不受感情因素影响

“静坐无所为”来自于汪曾祺先生的一部集子； 而“春来草自青”来自印度一位哲学教授奥修先生的文集，这两句话都

告诉我们，要学会以平静、客观的心境来看待事物，才能够不受感情因素的影响而看清事物的真实面貌。

我们都知道，人都是情绪的动物，我们的情绪会被周围的人和事所影响，但成功的人能做到自控，做事不冲动；而失败的人则相反，他们性情散漫、毫无节制，总是受自己的情绪摆布，而情绪总是依环境氛围而变幻莫测。于是，他们起伏摇荡于这种恶性失衡之中，做事时陷入自相矛盾的境地。这种过分轻狂不仅毁掉了他们的意志，也殃及他们的判断力，干扰了他们的欲望和理解力。可见，成功需要很强的自律能力。

生活中的你，也许是容易冲动的人，但请记住：冲动是魔鬼，会让自己一败涂地。从现在起，一定要做到自制，理智思考并克服自己的情绪。

从前，在英国的一个古镇上，住着一个六十几岁的富有老绅士，可惜的是，他膝下无子。他年纪越来越大，也慢慢考虑要找个继承人了，最关键的是，他也需要人照顾。他想从村里的这些孩子里挑选出一个，可是，该选择谁呢？他最欣赏那些能抵御住诱惑、没有好奇心的孩子。

镇上的很多孩子在知道老绅士要寻找一个财产继承人的时候，都纷纷给老绅士写信。很快，老绅士就收到了二十多封求职信。

这天早上，三个打扮得干净利落的少年出现在了老绅士的客厅。

老绅士先考核的是一个叫杰克的人，他被带到了一个房间，然后，引他进门的人便出去了。杰克一人坐在了沙发上，刚开始，他等待着老绅士的到来，但一个小时过去了，还没人来敲门，他就躁动起来了，他才发现，原来房间里有这么多好东西。他终于站了起来，东瞧瞧，西看看。他发现，房间的桌子上放了一个罩子，他心想，罩子下面不是美味的蛋糕就是诱人的饮料，于是，他掀起了罩子，结果，他看到的却是一堆轻轻的羽毛，因为他掀罩子的力气太大，这些羽毛已经开始飞起来了，杰克意识到自己可能错了，但羽毛已经飞得满屋子都是了。

接下来被考验的是亨利，在他所在的房间里，放了很多他喜欢吃的葡萄，他忍了好久，终于偷吃了一个，吃完，他后悔了，但他又马上安慰自己，没事的，反正这么多，吃一颗不会被人发现的。吃完以后，他发现，葡萄真的好吃，再吃一颗吧，他真的又拿起了一个。其实，老绅士在这盘葡萄里做了“手脚”，他悄悄放了一个辣椒，亨利不小心吃到了，他的喉咙像着了火一样。结果，他也被老绅士打发走了。

最后出来的是哈利，他是个守规矩的孩子，他一直在房间里坐着，周围好吃的、好玩的东西太多了，但他一直没动。半小时后，他被许可为老绅士服务。就这样，哈利一直服侍老绅士，直到他离开人世。老绅士临死之前，将所有的财产都送给了哈利。

生活中的我们就像是故事中的杰克和亨利一样，总会因为一些利益诱惑而失去正确的判断能力。其实，这些小利益对于我们来说，之所以能那样吸引人，在于它本身就是带刺的玫瑰，表面上看着美丽，实际上却是不折不扣的陷阱。在通往成功的路上，我们会遭遇不同的利益诱惑，只要我们能够忍耐欲望的吞噬，按捺住内心的悸动，那最后的胜利就是属于我们的。

那么，我们该如何做到以平静、客观的心境来判断事物呢？

1. 要有务实精神

务实其实就是脚踏实地，不浮躁。只有打好基础知识，你才能开拓，否则，一切都是花架子。

2. 遇事善于思考

伟人之所以成为伟人，是因为有伟大的思维，让思维决定行动。正像爱因斯坦的某些学说在当时被喻为“疯子式的假设和推论”，但后人均证实他的理论并非错误，他的猜测并非虚幻；当布鲁诺用生命捍卫哥白尼“日心说”理论的时候，所有人都认为他只是另一个“疯子”，而今天的我们确实认同了太阳系的概念。但这些伟大的思维，无不是在磨难和折磨中形成的。

在英国剑桥大学的卡文迪许实验室，一直坚持这样的规定：每天下午六点整，会有资历深的老研究人员，对在场的所有研究者宣布实验时间已到。如果谁听不进去继续做实验，那么，这位老实验人员就会搬出卢瑟福的话。因为卢瑟福说过：“谁未能完成六点前必须完成的工作，也就没有必要拖延下去，倒是希望各位马上回家，好好想想今天做的工作，好好思考明天要做的工作。”卢瑟福的话意味着：在实验前、实验中、实验后都要进行认真思考。从此卡文迪许实验室的人记住了卢瑟福的忠告：“别忘了思考！”

可见，人们在不经意的观察中，要善于思考，发现问题、提出问题。正如爱因斯坦所说：“学习知识要善于思考，思考，再思考，我就是靠这个方法成为科学家的。”

总之，考虑问题应从现实出发，而不能凭意气热情；要学会站在全局的角度看问题，你就能看得远，寻找出最好的解决方法。

静下心来，放下那些虚无缥缈的事

一直以来，中国人都比较推崇坚持的精神，古代郑板桥也说“咬定青山不放松，任尔东西南北风”。我们也常常听周围的人说“凡事坚持就是胜利”。诚然，我们不得不承认一点，很多人在解决问题的时候，因为有锲而不舍的精神而最终迎来了成功。但成功的前提是，我们所坚持的事是建立在现实基础上的。坚持那些不切实际的事是与做白日梦无异的。对此，与其错误地坚持下去不如明智地放弃，然后另选一条捷径。当然，这需要我们学会准确地定位自己，认清自己，看到自己的价值，然后懂得适时放弃错误的选择。这样，你就能充分挖掘到自己的内在动力，你就会做回自己，充分发挥自己的价值。

我们先来听听下面一个寓言故事：

从前，有一位潜心布道的神父。

这天，他按照计划来到一个小村子，他走进了教堂，准备为这里的人祈祷。但突然天下起了大雨。几个小时的工夫，洪水就淹没了整个村庄，教堂也没有幸免。

他发现，洪水已经淹没了他的膝盖。村里的警察很快赶来了，并让他赶紧离开教堂，但神父却固执地说："不，我不走！我坚信仁慈的上帝一定会来救我的，你先去救别人吧！"

过了一会儿，水越来越深了，已经淹没了神父的腰部，神父只好站在椅子上继续祈祷。这时，有几个救生员划着船在教堂外大喊"神父，赶快过来，我们救你走！"，但神父还是执着地说道："不，我要坚守着我的教堂，相信慈悲的上帝一定会将我从洪水之中救出去的。你们赶快先去救别人吧。"

又过了半个小时，整个教堂完全被洪水淹没了，神父只好爬上十字架，在滚滚的洪水中坚持着。这时候，一架直升飞机缓缓地飞到了教堂上方。飞行员丢下悬梯，大喊道："神父，快上来吧，这是最后的机会了，我们可不愿意看到你被洪水冲走！"神父依然意志坚定地说："不，我要守住我的教堂！上帝绝对会来救我的。你去救其他人吧。上帝会永远与我同在！"

固执的神父最终也没有逃脱被滚滚洪水冲走的命运……

死后的神父还是有幸到了天堂，他质问上帝，为什么不来救他？上帝回答道：“我怎么不肯救你了，你忘记了，第一次，我派人劝你离开那危险的地方，可是你却坚决不肯；第二次，我派了一只救生艇去救你，但你还是一意孤行不肯离开；第三次，我以对待国宾的礼仪待你，又派了一架直升飞机去救你，结果你还是不愿意接受我的救助。是你自己太固执了，总是不肯接受别人的求助。我在想，你是不是太想见到我了，那么，我就成全你吧。”神父顿时哑口无言。

听完这个故事，我们不免觉得有点可笑，这位神父是迂腐的。在我们看来，上帝来救他这一情况是根本不可能实现的幻想而已。当然，最终，他只能被淹没在洪水之中。

然而，我们的生活中，却也有这样一些人，他们习惯于做白日梦，他们管不住自己的大脑，总是幻想着这样或那样的事，但事实上，将任何有意义的事情做好，才是成功的预示。我们的目标如果不切实际，那么，盲目地坚持也只会以失败而告终。要做到这一点，我们就要平静下来，脚踏实地做好手头的事，一步一个脚印。成就决非朝夕之功，凡事必须从小做起，只要有意义。

我们每个人，都有自己的梦想，都希望能做出一番成绩来，但现实告诉我们，必须要从最基础的工作做起。这对于那些喜欢做白日梦的人来说，无疑是更高层面的挑战。可见，坚持其实是追求卓越的一种优秀品格，但是，当出现在我们面前的是一座无法逾越的大山时，我们所需要的就不是一条路走到黑的执着。这时，放弃这个错误坚持则更为重要，然后再做明智的选择，行走另外一条路。因为天无绝人之路，上天在关掉一扇门的同时，也会为你再打开一扇窗的。所以对于错误的坚持要不得，我们需要的是灵活应变，而不是盲目地执着。

总之，对于那些不切实际的坚持，该放手的时候就要明智地放手。明知道这是一条走不通的死胡同，却还要继续往前走，面对的也许只有痛苦与浪费时间。

无论命运给予你什么，微笑面对

生活中，我们常常祝福别人万事如意，但万事如意只是一种美好的祈愿。没有十全十美的人生，甚至很多时候，我们会被命运捉弄，它会毫无来由地给我们送来可怕的灾难。此时，如果人们无法承受，它就会占据人们的心灵，让人们失去欢乐，永远生活在它的阴影里。

的确，尘世之间，变数太多。我们唯一能掌控的，就是自己的心境，当厄运或不公正的待遇降临到人们头上时，如果无法改变它，就要学会接受它、适应它。

曾经有一对孪生兄弟，哥哥叫伊恩，弟弟叫杰森，兄弟二人都帅气十足。但命运是不公平的，他们遭遇了一场火灾事故，所幸消防员从废墟里扒出了他们兄弟俩，他们是那场火灾中仅存下来的两个人。

兄弟俩被送往当地的一家医院，虽然两人死里逃生，但大火已把他俩烧得面目全非。“多么帅的小伙子”认识他们的人都为兄弟俩惋惜。杰森整天对着医生唉声叹气，觉得自己成了这个样子，以后如何见人，如何在这个世界上生活？杰森无法接受眼前的现实，无法活下去的念头从他的思想走进了他的潜意识，他总是自暴自弃地重复着一句话：“与其这样还不如死了算了。”伊恩努力地劝说杰森：“这次大火只有我们得救了，这说明我们的生命尤为珍贵，我们的生活最有意义。”

兄弟俩出院后，杰森还是无法面对现实，他偷偷服了50片安眠药，离开了人世。伊恩却艰难地生存了下来，无论遇到多大的冷嘲热讽，他都咬紧牙关挺了过来，他一次次地暗示自己：“我生命的价值比谁都高贵。”后来，他当了一名货车司机。

一天，伊恩仍像往常一样送一车棉絮去加利福尼亚州。天空下着雨，路很滑，他把车开得很慢。此时，他发现不远处的一座桥上站着一个人。他还没有靠近那个年轻人的时候，年轻人已经跳进了河里。年轻人被他救起后又连续跳了三次，最后一次连伊恩自己也差点被大水吞没。

后来伊恩才知道，他救的是位亿万富翁。亿万富翁感激他给了自己第二次生命，并和伊恩一起干起了事业。伊恩从一个积蓄不足10万元的司机，凭着自己的诚信经营，发展成了一个拥有3.2亿元资产的运输公司的董事长。几年后医学发达了，伊恩用挣来的钱做了整容。

一对孪生兄弟，为什么命运会如此不同？因为他们的心态不同。面对毁容，弟弟杰森无法接受，选择自杀结束了自己的生命；而伊恩却始终告诫自己，自己的生命比谁都高贵，他努力活了下来。后来，他用同样的信念救了另一个轻生的名人，从而改变了自己的命运。

然而，现实生活中，总有人一味沉溺在已经发生的事情中，不停地抱怨，不断地自责。这样一来，将自己的心境弄得越来越糟。这种对已经发生的无可弥补的事情不断抱怨和后悔的人，注定会活在迷离混沌的状态中，看不见前面明朗的人生。之所以这样，是因为经历的磨炼太少。正如俗语说的那样：天不晴是因为雨没下透，下透了，也就晴了。

著名潜能开发大师迪翁常常用一句话来激励人们进行积极思考："任何一个苦难与问题的背后，都有一个更大的幸福！"这是他的招牌话。他有个可爱的女儿，但一场意外让这个可爱的小女孩失去了小腿。当迪翁结束韩国的演讲赛赶到医院的时候，他第一次发现自己的口才不见了。女儿察觉到了父亲的痛苦，就笑着告诉他："爸爸！你不是常说，任何一个苦难与问题的背后，都有一个更大的幸福吗？不要难过呀！这或许就是上帝给我的另一个幸福。"迪翁无奈又难过地说："可是！你的脚……"

小女儿非常懂事地说：“爸爸放心，脚不行，我还有手可以用呀！”

听了这样的话，迪翁虽有几分心酸，可也欣慰不已。

两年后，小女孩升入中学了，她入选垒球队，成为该队有史以来最厉害的全垒打王！因为她的腿不能走路，所以就每天勤练打击，强化肌肉。她很清楚，如果不打全垒打，即使是深远的安打，都不见得可以安全上垒。所以唯一可以把握的，就是将球猛力击出底线之外！

这是一个乐观积极的小女孩，在最艰难的时刻，她留给人们的依然是微笑，因为她相信父亲的那句话“任何一个苦难与问题的背后，都有一个更大的幸福”。于是，灾难变得不再可怕，而她本人也更有能力面对那场艰难的挑战。

放下悲伤，接受现实，才能重新起航。朋友，别以为胜利的光芒离你很遥远，当你揭开悲伤的黑幕，你会发现一轮火红的太阳正冲着你微笑。请用一秒钟忘记烦恼，用一分钟想想阳光，用一小时大声歌唱，然后用微笑去谱写人生最美的乐章。

第5章　从容镇定，还自己一份平和之乐

我们常常祝福身边的朋友“万事如意”，但人生奇妙，实际上我们不可能事事如意。我们无法左右事情的发展，但我们可以左右自己的心态。这正如《幽窗小记》中所说：“宠辱不惊，看庭前花开花落；去留无意，望天空云卷云舒。”这句话的意思是说，为人做事能视宠辱如花开花落般平常，才能不惊；视得失如云卷云舒般变幻，才能不在意。现代社会中的人们，也应拥有这样的心态，才可能心境平和、淡泊自然。只有做到了宠辱不惊、去留无意，方能恬然自得，达观进取，笑看人生！

中庸之道，是静心第一堂课

生活中，人们常常说做人要“中庸”，但对于什么是真正的中庸之道，人们却不一定了解。中庸之道是我国古代儒家思想最重要的组成部分之一，在封建社会里，它一直是我国儒家学者追求的至高境界，是人生哲学的方法论。其中的一些思考和理念是很科学的，需要我们辩证地认识、看待，从中正确地汲取养分。

孔子为什么要提倡中庸之道呢？“中庸之为德也，其至

矣乎！民鲜久矣”。意思是说，中庸是一种至高无上的美德，民众缺少很久了。孔子说这话的主要目的是要把当时的社会秩序、社会制度保持在周礼的规范之内。当时孔子生在“礼崩乐坏”的春秋时代，那个时代王室衰微，诸侯崛起，战事不断，民不聊生。孔子一生都在为恢复合乎周礼的社会秩序而奋斗，他讲中庸也是为此目的。

中庸的主要思想，在于论述为人处世的普遍原则，即：不要太过，也不要不及，应恰到好处，这就是中庸之道。中庸之道要求我们在遇事时一定要冷静处理，要做到淡定和从容，而这也是静心的要义。我们可以说，一个人，要做一个内心平静的人，首先就要学习中庸之道。

我们在生活中遇事时，只要我们秉持中庸之道的原则，就能做到不偏不倚、为自己留有退路。当然，中庸并不等于碌碌无为，也不等于毫无原则地退让，更不等于人前人后两个样，趋炎附势、狗眼看人低。中庸之道很容易，但还需要我们在具体的生活细节中加以贯彻和实施。

放慢脚步，欣赏人生路上沿途风景

现代社会，随着生活节奏的加快，竞争的日趋激烈，经济压力逐渐增大，人们穿梭于闹市之中，面临生活中的许多危机，以至于无法平静自己的内心，长此以往的消极应对及负面情绪会使个体出现诸如焦虑、抑郁、神经衰弱、轻度狂躁等心理疾患，不但影响自己的生活、工作，也会对家人造成不必要的“伤害”。

的确，行走于世久了，我们每个人都应该学会放慢脚步，给自己一个舒缓神经的机会，这样，我们才能收拾好心情继续上路。

萨依特曾是埃及的政府高官，34岁就做了副市长，前程可谓一片灿烂。可惜，就在他飞黄腾达的时候，他主管的城市却发生了一场火灾，于是他被免了职，那年他37岁。离职退位后，萨依特的周围依然是一些显赫的人士，富翁、高官、大财团的董事长……大家都为萨依特惋惜，认为他会非常痛苦，肯定要来找他们帮忙。谁想，萨依特却回到乡村，过起了平民百姓的生活。

他在自家的小菜园里种菜、施肥、捉虫，过得平淡而有滋味。没事的时候，他就走村串巷，收集一些民间陶器作为自己的爱好。生活中，他从不理会别人的富贵，更不去羡慕别人的日子，我行我素地过着简朴的生活。

由于他的知识和才能，他很快就在收藏上有了很大造诣。七八年过去了，他竟然收集到了几十件世界顶级的民间珍宝。前来买卖的人蜂拥而至，萨依特每卖出一件，获益都在上千万美元。

有人问萨依特，你怎么会在收藏上有这么大的成就。萨依特说，因为我过得十分简单，从不盲从地去羡慕别人，清静的生活让我可以一心一意地鉴别陶器。

不去羡慕别人的生活，这使萨依特不但摆脱了烦恼，也把收藏做到了罕见的水准，成为了世界级的收藏大师。

人们常说，人生就是一次旅行。在这一过程中，只有翻山涉水，不惧艰辛，走过忧郁的峡谷，穿过快乐的山峰，趟过辛酸的河流，越过滔滔的海洋，才能走到生命的最高峰，领略最美好的风景。然而，我们忽略的是，有时候，美好的风景就在眼前，我们何不放慢脚步欣赏呢？

现实生活中的很多人，他们一直信奉勇往直前的原则，向往着未来的、他人的生活，于是，他们总是在马不停蹄地追赶；但时过境迁，等他们青春年华不再时，才知道自己已经错过了生命中最美的时光。因此，当我们觉得累了的时候，不妨告诉自己，该放松了。为此，我们可以采取以下放松的方式：

第一，旅行。

旅行可以增长我们的见识，我们在有了更多见识的时候便会发现了某些更符合自己内心愿望的爱好，而且真的见过比只在书上看过或者听人说过更有触动性。另外，一个爱好旅游的人往往心胸更广阔，更具有解决问题的弹性。

第二，听音乐。

音乐作为一种艺术，它之所以能打动人，是因为它能以声音表现出一种情感，它所蕴涵的宁静致远、清淡平和，可以使终日奔忙、身心俱疲的现代人得到彻底放松。

在音乐的圣殿中，我们能暂时忘记生活的繁琐，工作生活的不顺心，能获得音乐给予我们的心灵滋养。音乐能够影响人的情绪、调节生理状态，经常听一些旋律优美、节奏轻快的音乐，不仅可以调节情绪，而且还可以稳定内心，达到镇静、降压、催眠等效果。

第三，舞蹈。

当你随着音乐起舞的时候，你的音乐感、音准、韵律、节拍的敏感度和数学逻辑都得到了提高，脑部及身体的协调能力也得到了锻炼。

第四，读书。

书籍是人类进步的阶梯，“腹有诗书气自华”，倡导人们“读万卷书，行万里路”也是这个道理，读书可以让我们见闻广博。

当然，除了以上方法外，我们还可以：

（1）运用宁静调适法。找一个僻静的地方，让自己的身体、心理完全放松，尤其是要放松思想，做到宁静恬淡、愉悦自得，少思、少念、少欲、少事、少语、少乐、少喜、少怒、少好、少恶行。

（2）主动休息。主动休息可消除疲劳，增强机体免疫水平和抗病能力，保持旺盛的工作精力。

（3）改善睡眠。躺在床上，闭眼、自然呼吸，把注意力集中在双手或双脚上，全身肌肉放松。每天坚持练习，会有良好的效果。

（4）巧用镜子。站在镜子面前做三四次深呼吸，凝视眼睛深处，告诉自己会得到所要的东西。

好心情是自己调整出来的，良好心态是对各种生活的适应。作为一个在繁华闹市中生活的人，关键是要把自己的心境、快乐锁定在现在，注重当下对生活的体验，而不要一味地沉迷于过去，也不要没有必要地担心未来。

因此，要释放自己的内心，我们就要学会享受生活，完善内心修养，提高自身能力，争取更大的空间和更好的生活质量，要有一颗乐观向上的心。

新的一天来临了，放慢你的脚步吧，生活中有太多值得我们慢慢感悟的幸福！你不必关注他人光鲜亮丽的穿着，也不必再去羡慕周围拔地而起的高楼琼宇，细细品味身边的一景一物，反倒感觉这样的生活对自己而言，美好得近乎奢侈，因此也就喜欢得虔诚倍至了！

看开一点，让一切顺其自然

我们都知道，任何事情的发展都是有规律的，人们的主观愿望与实际生活也总是有差距的。就像自然界的植物，它们的成长需要每天接受光合作用，需要接受甘露的灌溉，才能获得成果。每一个生命的成长也是如此，千万不要违背规律，急于求成，否则就是欲速则不达。

因此，我们千万不可把自己的主观意愿强加于客观现实中，我们应该学会随时调整主观与客观之间的差距。凡事顺其自然，确实至为重要。有些事情就是奇怪，你越努力渴求，它越迟迟不来，让你等得心急火燎、烂额焦头。终于，你等得不耐烦了，它又从天而降，给你个惊喜满怀。我们不妨先来看下面一个故事：

有一对夫妻恩爱有加，令很多人都很羡慕。然而他们有一块心病，块垒般郁积心头，一直挥之不去：结婚五六年了，还一直没有属于自己的爱情结晶。小两口那个急呀！一有空就四处寻医问药，但几年过去了，妻子的肚子却不见有怀孕的迹象。更为严重的是，以前身体健康的妻子，竟然和各种莫名其妙的疾病结上了缘，攀下了亲：开始是整天整天地肚痛，痛得满身虚汗，常常在床上打滚，甚至大呼小叫、鬼哭狼嚎。虽然他们全国上下求医问药，但都不见好转，而连续的奔波搞得他们身心俱疲。

父母流泪了，劝他们想开点；朋友们伤心了，劝他们顺其自然。小两口不表示拒绝，也不进行辩驳，均一笑了之。

有一天，小两口到医院打点滴，一个护士看着他们青一块紫一块的胳膊，还有胳膊上密密麻麻针头扎过的小红点，不禁劝他们："顺其自然吧，是自己的别人抢不走，不是自己的莫强求……"

听着这温柔的、天使般的声音，小两口陷入了沉思。是啊，小护士和我们素不相识，她干吗要劝我们？还不是看到我们身心俱疲的样子产生悲悯之情了吗？"顺其自然，是自己的别人抢不走，不是自己的莫强求"，说得多好啊！

回到家，小两口像换了个人似地，把医院买来的各种中药、西药统统扔进了垃圾筒。小两口相视一笑，顿觉浑身轻松。

一个周末，妻子翻翻日历，发现例假很久没来，然后拿出试纸，检测了下，发现居然怀孕了！小两口紧紧地相拥在一起，激动的泪水夺眶而出……

后来，丈夫向朋友叙说："真的，自从思想放松后，妻子的小烧不断、肌肉乱颤、夜间失眠，统统地不治而愈了。"他在叙述这一切的时候，脸色很平静，似乎在叙说一件与自己毫不相干的事情。

这确实是个让我们啼笑皆非的故事。的确，很多时候，我们苦苦渴求的，却总是不如愿；当我们抱着顺其自然的态度时，却会收获意外的惊喜。

人们常说，不如意事常十之八九。这句话就是说一个人的一生不如意的时候占去了生命的十之八九，只有十之一二生活在快乐之中。这一分析未必准确，但人的一生中忧比乐多却是不争的事实。得意和失意并不是我们所能控制的，但我们可以控制自己的心态。古人云："凡事顺其自然，遇事处之泰然，得意之时淡然，失意之时坦然，艰辛曲折必然，历尽沧桑悟然。" 这"六然"的句子，凝集了处世的智慧。因此，无论我们遇到什么，都不必大悲大喜；以自然的心态面对，你反而会收获难得的快乐！

当然，凡事追求顺其自然，并不是消极避世，而是一种站在更高层次来俯视生活的一种睿智。如果你站在大树下，看蚂蚁为了一粒米，争斗得头破血流，你会想什么？如果你听到一只站在篮球上的蚂蚁说，这就是整个世界，你会想什么？如果你看到一只蚂蚁，坐在水盆中的树叶上，却以为坐上了航空母舰时，你会想什么？是可怜，是可笑，是可悲，还是可爱？或许有更高级的生灵也在这样地俯视着我们。如果你能顺其自然，或许你可以提高思想境界，也可以俯视大地。当人们都顺其自然了，那淡然、泰然、必然、坦然、悟然也就水到渠成，那人生何来得意、失意、艰辛、沧桑之说？

心念目标，静下心来一门心思努力向前

人生在世，要有一番成就，就必须要努力，就必须专注。

我们发现，那些攀岩成功的人都有个共同特征，那就是他们不会三心二意，也不会向下看，他们会一直努力地攀登。这样，尽管脚下是万丈悬崖，他们也不会害怕。可见，如果我们希望成就一番事业，就必须做到内心淡定，始终朝着目标前进。很多成功者在经历种种后，回望身后的辛酸血泪之路，都会发现，真正内心淡定的人才是最后的赢家。

我们先来看下面一个故事。

孔子带领学生去楚国采风。他们一行从树林中走出来，看见一位驼背翁正在捕蝉，他拿着竹竿粘捕树上的蝉，就像在地上拾取东西一样自如。

“老先生捕蝉的技术真高超。”孔子恭敬地对老翁表示称赞后问：“您对捕蝉想必是有什么妙法吧？”

“方法肯定是有的。我练捕蝉五六个月后，在竿上垒放两粒粘丸而不掉下，蝉便很少有逃脱的。如垒三粒粘丸仍不落地，蝉十有八九会捕住；如能将五粒粘丸垒在竹竿上，捕蝉就会像在地上拾东西一样简单容易了。”捕蝉翁说到此处，捋捋胡须，严肃地对孔子的学生们传授经验。

他说：“捕蝉首先要学练站功和臂力。捕蝉时身体定在那里，要像竖立的树桩那样纹丝不动；竹竿从胳膊上伸出去，要像控制树枝一样不颤抖。另外，注意力高度集中，即使天大地广，万物繁多，在我心里只有蝉的翅膀。我专心致志，精神专一。精神到了这番境界，捕起蝉来，那还能不手到擒来，得心应手吗？”大家听完驼背老人捕蝉的经验之谈，无不感慨万分。

孔子对身边的弟子深有感触地说：“精神专注、专心致志，才能出神入化、得心应手。捕蝉老翁讲的可是做人办事的大道理啊！”

驼背翁捕蝉的故事向我们昭示了一个真理：凡事专心致志、心无旁骛，才能出色地完成工作，把工作做好做到位，才能取得成功。

事实上，除了捕蝉外，其他任何事又何尝不是如此呢？无论做什么事，最要不得的就是三心二意。戴尔·卡耐基曾经根据很多年轻人失败的经验得出一个结论：“一些年轻人失败的一个根本原因，就是精力分散，做不到专注。”托马斯·爱迪生曾说过：“成功中天分所占的比例不过只有1%，剩下的99%都是勤奋和汗水。”这句话告诉我们做事需要专注，不腻烦、不焦躁，一门心思才能取得好的效果。

的确，成功者之所以成功，就是因为他们懂得做事要专注的道理。在专注的过程中，他们经历了沮丧和危险的磨炼，并造就了他们天才的大脑。在不断努力并获得成果的过程中，他们产生了活力和不屈不挠的奋斗意志。因此，意志力可以定义为一个人性格特征中的核心力量，概而言之，意志力就是人本身。它是人的行动的驱动器，是人的各种努力的灵魂。做事过程中，我们也要运用意志力的力量，做到这一点，你也能获得卓越的才能。

从前，有一个养蚌人，他想培育一颗世界上最大最美的珍珠。

这天，他来到大海边挑选沙粒。于是，他便问遇到的沙粒，它们愿不愿意经过磨炼变成珍珠。这些沙粒一听，变成珍珠要经受很多痛苦，没有阳光雨露，没有空气，远离海洋，于是它们就都摇头。

养蚌人一次次被拒绝，他都快绝望了。可就在这时，有一粒沙子答应了，因为它一直想成为一颗珍珠。旁边的沙粒都嘲笑它，说它太傻。但这颗沙粒还是坚持和养蚌人走了。

一转眼，几年过去了，那粒沙子已经成了一颗晶莹剔透、价值连城的珍珠，而曾经嘲笑它的那些伙伴们，有的依然是海滩上平凡的沙粒，有的已化为尘埃。

事实上，我们成长成才的过程又何尝不像这颗珍珠呢？你忍耐着，坚持着，当走完黑暗与苦难的隧道之后，就会惊讶地发现，平凡如沙子的你，不知不觉中已长成了一颗珍珠。

的确，人生就像马拉松赛跑一样，只有坚持到终点的人才有可能成为真正的胜利者。著名航海家哥伦布在他的航海日记最后总是写着这样一句话“我们继续前进”。这话看似平凡，但也告诉了所有正在为目标奋斗的人们一个道理：达成目标需要无比的信心和意志力。在这个过程中，你只有坚守内心的目标，付出艰辛的劳动，才会实现蜕变、获得成功。

弹性生存，别给自己太大压力

社会经济的快速发展，竞争的激烈，家庭和社交生活的琐碎都让现代人承受着前所未有的压力。然而，造成这些压力的元凶还是我们自己。我们应该学会将自己堆积在肩上的压力卸下来，享受一下生活的轻盈，感受一下心灵的淡然，然后把压力永远地放在自己的脚下。

曾经有位事业有成的年轻人，他在朋友的劝谏下来看心理医生，因为他觉得自己的工作压力太大了，心灵好像已经麻木了。

诊断后，医生证明虽然他身体毫无问题，但他内心深处有问题。

医生问年轻人：“你最喜欢哪个地方？”“我不清楚！”“小时候你最喜欢做什么事？”医生接着问。“我最喜欢海边。”年轻人回答。医生于是说：“拿这三个处方，到海边去，你必须在早上9点、中午12点和下午3点分别打开这三个处方。你必须同意遵守时间，除非时间到了，不得打开。”

于是，这位年轻人按照医生的嘱咐来到海边。

他到达海边时，正好九点，没有收音机、电话。他赶紧打开处方，上面写道：“专心倾听。”他开始走出车子，用耳朵倾听，他听到了海浪声，听到了海鸟的叫声，听到了风吹沙子的声音。他开始陶醉了，这是另外一个安静的世界。快到中午的时候，他很不情愿地打开第二个处方，上面写道：“回想。”于是他开始回忆，他想起小时候在海边嬉戏的情景，与家人一起拾贝壳的情景……怀旧之情汩汩而来。近三点时，他正沉醉在尘封的往事中，温暖与喜悦的感受，使他不愿去打开最后一张处方。但他还是拆开了。

“回顾你的动机。”这是最困难的部分，亦是整个治疗的重心。他开始反省，回想生活工作中的每件事、每一个状况、每一个人。他很痛苦地发现他很自私，从未超越自我，从未认同更高尚的目标、更纯正的动机。他发现了造成疲倦、无聊、空虚、压力的原因。

这个故事中，这位年轻人通过医生的建议来到海边，通过倾听、回想、回顾这三个过程，最终认识到了自己的缺点——自私、从未超越自我、从未认同他人，从而得知了这就是他感到空虚、压力大的原因。

心理学家曾说过：“人是最会制造垃圾污染自己的动物之一。”正如清洁工每天早上都要清理人们制造的成堆的有形的垃圾一样，我们要想彻底消除倦怠，也必须经常地反省自己，时刻清洗心灵和头脑中那些烦恼、忧愁、痛苦等无形的垃圾，真正让自己时刻心如明镜，洞若观火，以最好的状态去投入工作。

因此，为了让自己的心灵更纯净，释放压力就显得尤为重要。那么，我们该如何驱赶压力的阴霾呢?

1. 不要故意给自己加压

不少人对社会、对家庭、对自己都有不同程度的不满，他们中有些人喜欢在压力中生活，在压力中挑战难题，这样便有一种惬意的满足。但一个人不是每次都有好运气，压力多了会压得自己喘不过气来。久而久之，就会祸及自己的身心健康。

2. 学会宣泄

如果你心理压力过大，可以采取以下几种方式宣泄：

（1）倾诉。当你心中积满苦闷、烦恼、抑郁等不良情绪无法疏散时，可以向父母、同事、知心朋友尽情倾诉，发发牢骚，吐吐委屈。这样使消极情绪发泄出来后，精神就会放松，心中的不平之事也会渐渐消除。

（2）想哭就哭 。医学心理学家认为，哭能缓解压力。心理学家曾给一些成年人测验血压，然后把他们按正常血压和高血压编成两组，分别询问他们是否哭泣过，结果87%的血压正常的人都说他们偶尔有过哭泣，而大多数高血压患者却回答说从不流泪。由此看来，让人类情感抒发出来要比深深埋在心里有益得多。

3. 忙里偷闲，放松心情

一定要抛却事事追求完美的心态。当你意识到自己要放松，但无论如何都很难做到、浑身紧张的时候，就应该学着忙里偷闲放松心情。例如，上班的间隙做做操，伸展一下肢体；午休时打打球；下班后逛逛商场，看场电影或与朋友聚聚餐等，给自己制造一个放松的空间。

当我们能释放出压力、找到那颗沉稳宁静而又广博透明的心后，虽然依旧要面对很多的挑战，虽然必须在事业、家庭之间小心翼翼地“走钢丝”，但我们依旧可以自信、从容，在追求事业的同时也拥抱着生活，在完善自我的同时，有着对高品质生活的追求。

下篇

平常心处世，善待你我他

第6章　顺其自然，慢下来也能来得及

高速运转的社会让人们变得忙碌起来，人们总是在不停地奔跑，不停地追逐前方的目标。尽管人们越来越富有，事业越来越成功，但在喧嚣的都市生活中，你是否问过自己：我的心是否累了？我真正需要的到底是什么？也许在这个快节奏的时代，我们真的走得太快了，是该停下脚步的时候了，应该等一等我们的心灵。可见，善待心灵才能让自己静下来，在百忙中找到头绪，将事情做到有条有理，这样才能让一切顺心顺意！

凡事往好处看，获得宽广心境

细心的人们，你们是否发现，在我们生活的周围，有这样两类人：一类人，他们的脸上总是挂着微笑，无论遇到什么事，他们都会积极面对，并且也似乎都有解决的方法。因此，他们生活得幸福、坦然，路也越走越宽；还有一类人，遇事他们总是往坏的方面想，于是，他们总是感到低迷，整日郁郁寡欢。那么，你更愿意做哪种人？当然是前者！有句话说得好：“乐观者在灾祸中看到机会，悲观者在机会中看到灾祸。”凡事往宽处想，好运就不会远离。

苏轼《题西林壁》云：“横看成岭侧成峰，远近高低各不同。不识庐山真面目，只缘身在此山中。”看似浅显的诗中，其实饱含着生活哲理。人人要面对红尘命运中的各种磨难和悲辛，身在其中，心思却能够超脱其外，以那种怀禅的释然、纳海的胸襟、平和的意绪，坦诚面对未来一切莫测的事变，那么尽享祥和的微笑是不言而喻。

有这样一则堪称“神奇”的故事。

曾经有一对年过四十的夫妻，他们在进行年度身体检查时，发现自己患了绝症：妻子得了乳腺癌，丈夫患了严重的动脉血管疾病，医生坦言他们只剩下半年时间了。这简直犹如晴天霹雳，他们原本幸福的生活似乎一下子就要破灭了。

然而，这对夫妻并没有就此在哀怨中生活，他们想了想，还有半年时间，足够他们完成这辈子最想做的事——环球旅行了。于是，他们卖掉了十年前才还清贷款的房子，很快就出发了。

在他们的旅行过程中，他们几乎忘记了生病这一回事，格外珍惜每一天，他们仿佛回到了二十年前他们刚结婚的时候。那时候，他们没钱，忙于工作、照顾孩子，但现在他们有机会了。看到他们甜蜜的样子，没有人会想到他们是一对生命即将结束的病人。

五个月后，他们的旅行结束了，按照规定，他们还需要做一次检查，但在看检查结果时，连医生都惊呆了，发现妻子的癌细胞已经消失，连丈夫的动脉血管阻塞也好了许多，这个结果让医生感到匪夷所思。

后来，医院就这一对夫妇的情况进行了研究，他们认为这是积极情绪的作用，快乐的人脑内会分泌一种安多芬，它会增加体内的淋巴球，进而增强对抗癌细胞的能力，能让人重新获得健康。

这简直是个奇迹！因此有人说，心态决定人生，积极乐观的心态是成功的源泉，是生命的阳光和温暖；而消极的心态是失败的开始，是生命的无形杀手。

当人生的不幸来临时，积极的心态是一个人战胜一切艰难困苦、走向成功的推进器。积极的心态，能够激发我们自身的所有聪明才智；而消极的心态，就像蛛网缠住昆虫的翅膀、脚足一样，会束缚人们才华的光辉。

雨后，一只蜘蛛艰难地向墙上已经支离破碎的网爬去。由于墙壁潮湿，它爬到一定的高度，就会掉下来，它一次次地向上爬，一次次地又掉下来……第一个人看到了，他叹了一口气，自言自语："我的一生不正如这只蜘蛛吗？忙忙碌碌而无所得。"于是，他日渐消沉。第二个人看到了，他说："这只蜘蛛真愚蠢，为什么不从旁边干燥的地方绕一下爬上去？我以后可不能像它那样愚蠢。"于是，他变得聪明起来。第三个人看到了，他立刻被蜘蛛屡败屡战的精神感动了。于是，他变得坚强起来。

的确，对待同一样事物，几个人的看法不同是很正常的事。就像人也有两面性一样，问题在于我们自己怎样去审视，怎样去选择。面对太阳，你眼前是一片光明；背对太阳，你看到的就是自己的阴影。

积极乐观的人生态度，指的就是无论命运给了我们怎样的“礼物”，都不要忘记告诉自己一定要往宽处想，要用自己的微笑看待一切。看开点，生命才能将利于自己的局面一点点打开。在饱受约束的现实生活中，要让心灵快乐地飞翔，我们必须要打开自己的心扉。

日常生活中，丢了钱财，路遇堵车，看起来很倒霉，悲观的人或许会为此懊恼一整天，认为老天对自己不公平，结果心里十分不开心。在工作生活中带着这种郁闷的情绪，这对自己有什么好处呢？反过来，把这些不顺心当作生活中的一部分调料，乐观地看待，你或许会有另外一番心情……抱着这样的态度看待生活，还会有什么不开心的事，还会有什么烦恼呢？

有这么一句流行的话语：好的情绪带你进天堂，坏的情绪带你住病房，甚至会住进十八层地狱！增强运用情绪的能力，就需要我们做到：时时心存感激不忘欣赏生活的美好，保持均衡的生活，让每一天都过得有意义。

“思想能令天堂变地狱，地狱变天堂”。其实生活的状态如何、是否快乐和幸福，选择权就在我们自己手中。相信自己能做个乐观的、积极的人，相信自己能做个神采飞扬的人，那么，你看待事物的眼光也会转向积极乐观的一面。

总之，生活中的人们，无论命运把你抛向任何险恶的境地，你都要毫无畏惧，用你的笑容去对付它！而如果你能选择不把挫折拿来当成放弃努力的借口，那么，或许你可以用一个新的角度，来看待一些一直让你裹足不前的经历。你可以退一步，想开一点，然后你就有机会说："或许那也没什么大不了的！"

不必强求，给自己放放松

生活中，我们常常说，做人做事都要认真、努力，这会使得我们更加完美，会不断进步。我们鼓励认真的态度，是为了让自己的人生变得幸福和充实。然而，生活中却有一些人，他们对自己太过苛刻，无论做什么事，他们都要求自己做到百分之百出色，不允许犯一点小错，不允许生活有一点瑕疵，结果常常因为对自己太过苛求而搞得身心疲惫不堪。其实，有缺憾的人生才是真实的人生，我们固然要有追求完美的态度，但如果过分追求完美，而又达不到完美，就必然会产生浮躁反而得不偿失。

另外，现实生活中，我们也会发现，那些高高在上、看似完美的人似乎没有什么朋友，人们也不愿意与之交往，这就是因为他们用完美给自己树立了一个大好形象，反而让人们敬而远之。

在一次盛大的招待宴会上，服务生倒酒时，不慎将酒洒到了坐在边上的一位宾客那光亮的秃头上。服务生吓得不知所措，在场的人也都目瞪口呆。而这位宾客却微笑着说：“老弟，你以为这种治疗方法会有效吗？” 宴会中的人闻声大笑，尴尬场面即刻被打破了。

借助“自嘲”，这位宾客既展示了自己的大度胸怀，又维护了自我尊严，我们不免对其心生敬意。从这个故事中，我们也应该获得一个启示：拒绝完美，凡事都不要逼自己，允许自己做不到一百分，你才会活得轻松。

然而，生活中就是有这样一些人，他们做事谨小慎微，总是认为事情做得不到位。他们太过专注于小事而忽视全局，这主要是因为他们性格上的原因，他们对自己要求过于严格，同时又有些墨守成规。通常情况下，因为他们过于认真、拘谨，缺少灵活性，他们比其他人活得更累，更缺乏一种随遇而安的心态。

他们总有这种表现，他们对自己和他人都要求很严格，如果一件事情没有做到自己满意的程度，那么必定是吃不好也睡不好，总觉得心里有个疙瘩，很不舒服。要知道，我们不会因为一个错误而成为不合格的人。生命是一场球赛，最好的球队也有丢分的记录，最差的球队也有辉煌的一刻。我们的目标应该是，可能让自己得到的多于失去的。

可以说，一个人对自己有高标准的要求是有益处的，它能使我们在正确的轨道上行走。然而，凡事都有度，过度就会适得其反。对自己要求太高，很容易让一个人对自己要求过分苛刻，也容易陷入极端状态。比如，当犯了一点错误时，他便会悔恨不已，甚至会妄自菲薄，贬低自己；那些自控力太强的人时刻会警惕自己的行为是否得当，他们会比那些凡事淡定的人活得更累。

那么，如果你是一个苛求自己的人，该如何做到自我调整呢？

（1）不要苛求自己。你不要总是问自己，这样做到位吗？别人会怎么看呢？过分在乎别人的看法就是苛求自己，你会忽略自己的存在。

（2）要改变自己的观念。你需要明白一点，世界上没有完美的事，保持一颗平常心并知足常乐，才是完美的心境。换一种新的思路，即尝试不完美，你会有一种新的感觉和收获。

（3）要改变释放方式。当你心情压抑时，你要选择正确的方式发泄，例如：唱歌、听音乐、运动等，并且，你要抱着一种享受到心情发泄的心态，这样，你很快会感受到快乐。

（4）让一切顺其自然，不要对生活有对抗心理。过于较真的人，他们会活得很累，因此在思考问题时要学会接纳控制不了的局面，接纳自己所做的事，不要钻牛角尖。

（5）什么事情都会有个度，追求完美超过了这个度，心里就有可能系上解不开的疙瘩。我们常说的心理疾病，往往就是在这样不知不觉中出现的。对待自己的错误不依不饶的人，总是不想让人看到他们有任何瑕疵，给人的感觉是过分宽容，看似开朗热情，其实活得很累。

（6）失败的时候，请原谅自己。你会跟朋友说什么？想一想，如果你的好朋友经历了同样的挫折，你会怎样安慰他？你会说哪些鼓励的话？你会如何鼓励他继续追求自己的目标？这个视角会为你指明重归正途之路。

德国大文学家歌德曾说："谁若游戏人生，就一事无成，谁不能主宰自己，就永远是一个奴隶。"

就一般人而言，对自己没有高标准的要求，缺乏自控能力，一般不容易实现自己既定的人生目标，难以获得家庭的幸福和事业上的成功，因为其情绪容易受外来因素的干扰，使其行为与人生目标反向而行。但如果我们对自己太过苛刻，则会带来相反效果，所以要注意度的把握。

因此，我们每个人都要记住，再美的钻石也有瑕疵，再纯的黄金也有不足，世间的万物没有纯而又纯、完美无瑕的，人也不例外。

我们每个人都不可能一尘不染，在道德上、在言行上都不可能没有一点儿错误和不当。人总是趋于完美而永远达不到完美。因此，我们每个人不要对自己和别的人做过高的不切实际的要求，我们都是凡人一个。

慢下来，打破思维屏障

我们都知道，现在社会，人们的生活节奏非常快，为了房子、事业、家庭，人们总是马不停蹄地在奔跑，却很少有人愿意停下脚步来思考一下自己需要的到底是什么。人们趋之若鹜地朝一个方向追赶，生怕别人超过了自己，于是就透支了生命、透支了爱情、透支了亲情。在满足了所有人的要求后唯独忘了自我的真正需求，生活于是变得麻木而毫无激情，生命在瞎忙中老去，百年后如同一个匆匆过客化为尘土。

唐代有一位丰干禅师，住在天台山国清寺。一天，他在松林间漫步，山道旁忽然传来小孩啼哭的声音，他循声望去，原来是一个稚龄的小孩，衣服虽不整，但相貌奇伟。丰干禅师问了附近村庄人家，没有人知道这是谁家的孩子。丰干禅师不得已，只好把这男孩带回国清寺，等待人家来认领。因为他是丰干禅师捡回来的，所以大家都叫他“拾得”。

拾得在国清寺安住下来，长大以后，上座就让他做添饭的工作。时间久后，拾得也交了不少道友，其中与一个名叫寒山的贫苦孩子，相交甚好。因为寒山贫困，拾得就将斋堂里吃剩的饭用一个竹筒装起来，给寒山背回去。

有一天，寒山问拾得：“如果世间有人无端地诽谤我、欺负我、侮辱我、耻笑我、轻视我、鄙贱我、厌恶我、欺骗我，我要怎么做才好呢？”

拾得回答道：“你不妨忍着他、谦让他、任由他、避开他、耐烦他、尊敬他、不要理会他。再过几年，你且看他。”

寒山再问道：“除此之外，还有什么处世秘诀，可以躲避别人恶意的纠缠呢？”

拾得回答道：“弥勒菩萨偈语说——

老拙穿破袄，淡饭腹中饱，补破好遮寒，万事随缘了；

有人骂老拙，老拙只说好，有人打老拙，老拙自睡倒；

有人唾老拙，随他自干了，我也省力气，他也无烦恼；

这样波罗蜜，便是妙中宝，若知这消息，何愁道不了？

人弱心不弱，人贫道不贫，一心要修行，常在道中办。

如果能够体会偈中的精神，那就是无上的处世秘诀。”

有人说寒山、拾得乃文殊、普贤二大士化身。台州牧闾丘胤问丰干禅师：“何方有真身菩萨？”意指丰干乃弥陀化身，惜世人不识，二人隐身岩中，人不复见。寒山、拾得二大士不为世事缠缚，洒脱自在，其处世秘诀确实高人一等。

俗话说：“命里有时终须有，命里无时莫强求。”生活对于每个人来说，蕴藏着无限的哲理与深意，要做到不为世事缠缚，洒脱自在，就必须对生活的要求不能太多。

可能生活中的很多人都有这样的经历：十年前，我们曾忧虑十年之后的自己，是否可以在这个大城市居住下来，是否可以成为这个城市的新新人类；十年后的今天，我们又一次渴望着改变，设想着自己未来十年的生活环境。

当你还是一名职场新人的时候，你的生活是忙碌的，你需要赶公交，需要写数不清的报告，你多希望自己可以享受一个无忧无虑的假期，多么希望自己可以每天睡到自然醒。但就在你幻想的那一刻，你想过没，有多少人正羡慕你可以衣食无忧，可以不用每天递求职信、跑招聘会。

当你已经是一名成熟的职场精英时，你开始有了自己的想法，你在想，凭什么每天受领导的呵斥，他的能力并不如我！你甚至想跳槽，幻想以后未来的某一天，你也在训斥你的下属，并为此洋洋得意。可你想过没，你是最高级的领导吗？如果不是，你永远都有可能受到顶头上司的教导甚至是呵斥！

可能你会说，现在我是总经理了，我终于可以不受人气了。但你错了，总经理的位置也不是每个人都能坐好的。其实每个经理人都有自己的难题。世上从来没有免费的午餐，老板付出的每一笔薪水都希望能够得到超值的回报。由此可想而知，那些做到总经理位置上的人们，每天的工作压力有多大，那是和他们的年薪成正比的。

那么老板就好做了吗？当然不是。不在其位不谋其政，老板担当的风险是最大的。作为职工，你失业了，可以再找工作，但老板们呢？因为公司是他们自己的，公司开门做事，每天要应付的各种人和事可以算到你头大；公司要支付的各种费用，包括每个员工的每月工资都是老板要考虑的问题。

可能你会羡慕老板有无人管制的生活、有自由的假期，其实不然，公司是他们自己的，尤其是那些小公司的老板，每天都会衡量公司的损失，即使下了班心也不会休息。每月到了月底周转不灵的时候，老板就是有时间休假，也要忙活着自己公司的事情了。

事实上，当我们仔细回想时，我们拥有的幸福才是真实的：

我们不会担心自己的孩子在上学的路上是否会被绑架；我们不会看到陌生人就会恐慌害怕；我们不会想象自己的另一半会不会因为金钱的关系而与我们对簿公堂；我们看不到金融危机的来临带给我们的挫败；我们没有机会因为生意失败而跳楼……

总之，我们每个人，对于现在的生活，都应持有知足的心态，放下对于别处风景的幻想吧！我们都有自己的天空，有自己的土地，有自己的蓝天，有自己的快乐，有自己的幸福。不要去羡慕别人，这样你的生活才会变得悠然平静，从容不迫！

既已如此，不必担忧事情更糟糕

人生旅途漫漫，难免会遇到很多困难甚至是灾难，我们改变不了现状，但可以改变自己的心态。每当你遇到困难时，不妨如此激励自己：“既已这样，事情还能糟糕到哪去。”正如俗语说的那样：天不晴是因为雨没下透，下透了，也就晴了。

在荷兰的阿姆斯特丹市，有一座宏伟的大教堂，它建于15世纪。教堂内有一句很醒目的题词：“事已至此，别无选择。”这句话在告诫世人，当厄运或不公正的待遇降临到人们头上时，如果无法改变它，就要学会接受它、适应它。

“还有什么比现在更糟糕的呢？”这是一种达观的人生态度。在逆境或灾难中，抱着这样一种心态，凡事不焦躁，把一切交给时间处理，能适度保护自己。由此看来，很多情况下，一个人的处世态度，即人生观、价值观直接影响着他的人生经历、人生体验。即使出生背景一模一样的两个人，如果人生态度不同，人生历程将会迥然不同。同样，固然人生命运多舛，但只要有积极向上的处世态度就能享受成功的快乐，或是品味生活的乐趣。

曾经有个人，他的一生都是充满不幸的。

在他46岁那年，他坐的飞机出了事故，他全身65%以上的皮肤都被烧坏了。无奈之下，他必须进行植皮手术。但他没想到的是，自己居然做了16次手术，他的脸变成了一块彩色板，并且，他的手指也没有了，人也瘫痪了，只能靠轮椅行动。可出乎意料的是，就在6个月后，这个人居然驾起飞机飞上了蓝天。

然而，厄运并没有到此结束。4年后，在一次飞行过程中，他所驾驶的飞机因失控，摔回跑道，而他的12块脊椎骨全部被压得粉碎，腰部以下永远瘫痪了。

但即使这样，他也没有消沉，他说：“我瘫痪之前可以做

1万种事，现在我只能做9000种，我还可以把注意力和目光放在能做的9000种事上。我的人生遭受过两次重大的挫折，所以，我只能选择不把挫折拿来当成自己放弃努力的借口。”

这位生活的强者，就是米契尔。正因为他永不放弃努力，最终成为了一位百万富翁、演说家，还在政坛上获得了一席之地。

看完这个故事，你是否会认为，米契尔应该是世界上最不幸的人？的确，一个经受过如此挫折和不幸的人都能成为生活的强者，你又有什么理由做不到呢？

人生苦短，我们确实渺小得如一粒尘埃，但无论生活给予我们怎样的挫折，我们都不能一蹶不振，而应该勇敢地站起来，正如张海迪所说：“即使跌倒一百次，也要一百零一次地站起来。”失败并不可怕，可怕的是一蹶不振。一个人不仅要有天资、勤勉、进取之心，还要有一种经受得住挫折和磨难的韧性，这样才会使人生臻于完善，走向理想的归宿。

曾经有位叫希伯尼的医生，他发现，他能预知哪些癌症病人会痊愈。他只要问癌症病人：“你想活到一百岁吗？”那些感到人生目的有深切意义的病人会说：“当然想。”而这些病人大多数可以痊愈，因为人生有目的就有希望。事实上，任何人的一生都是如此，只要你决定要过一个有目的、有导向的人生，你的生命就会有奇妙的改变。

然而，现实生活中，总有人一味沉溺在已经发生的事情中，不停地抱怨，不断地自责。这样一来，只能将自己的心境弄得越来越糟。这种对已经发生的无可弥补的事情不断抱怨和后悔的人，注定会活在迷离混沌的状态中，看不见前面一片明朗的人生。而之所以这样，是因为经历的磨炼太少。

富兰克林·德拉诺·罗斯福总统39岁时染上了小儿麻痹症，这突如其来的灾难差点把他打垮。开始他不肯接受这一残酷而不容改变的事实，他不断做着一些无谓的挣扎，结果带给他的是一个又一个无眠的夜晚。终于在经过一段时间的自我斗争后，他无奈地接受了现实，开始以顽强和乐观的态度适应它。他下肢瘫痪并从此与支架或轮椅相伴，他把这飞来的横祸当成上帝早已预定的命运之约。生理的残疾没有使他性格乖戾和愤世，反而在他此后的生命中，他都以乐观和坚强赢得了那些政敌的肯定。

的确，尘世之间，变数太多。事情一旦发生，就绝非一个人的心境所能改变。伤神无济于事，郁闷无济于事，一门心思朝着目标走是最好的选择。相反，如果跌倒了就不敢再爬起来，就不敢继续向前走，或者就决定放弃，那么你将永远止步不前。

挫折是一种珍贵的资源，也是一种人生的财富。古今中外的理论和实践都证明：挫折教育可以增强孩子的适应能力、磨炼意志、形成自我激励机制，而这正是你成长所必不可少的“壮骨剂”。

接受现实你才能重新扬帆起航。朋友，别以为胜利的光芒离你很遥远，当你揭开悲伤的黑幕，你会发现一轮火红的太阳正冲着你微笑。请用一秒钟忘记烦恼，用一分钟想想阳光，用一小时大声歌唱，然后用微笑去谱写人生最美的乐章。

马不停蹄地追求，只能让你疲于奔命

现代社会，人们抱怨活着真累，而人为什么活得累？就是因为要的东西太多。情感、物质、名利，不但要拥有，还要拥有最好的。于是乎，追求无止境，好不容易得到了，又这山看着那山高。于是乎，还得追求，还要奋斗。好不好呢？好。人如果没有了追求，岂不成了行尸走肉！但凡事有度，如果让人生成为对一个个结果的追求而忽视了享受的过程，那就本末倒置了。毕竟，不是每个人都能成为比尔·盖茨，也不是每个人都能成为商界精英、政界豪客。所以，要想活得轻松，就得学会放下。放下无止境的追逐，放下永不知足的欲望，那么，你收获的就是一颗平常心，一份淡然的快乐！

有一家大公司准备用高薪雇用一名汽车司机。经过层层筛选和考试之后，只剩下三名技术优良的竞争者。主考官问他们："悬崖边有块金子，你们开着车去拿，觉得能距离悬崖多近而又不至于掉落呢？"

"二公尺。"第一位说。

"半公尺。"第二位很有把握地说。

“我会尽量远离悬崖，越远越好。”第三位说。

结果第三位竞争者被留了下来。

可见，对于诱惑，你没有必要去和它较劲，而应离得越远越好。

可悲的是，现实生活中的一些人，总是不安于现状，他们总有无止境的追求，于是，便在这所谓的追逐中失去了原本快乐的自我。

可能很多人都曾经有过这样的经历：

很多年前，你过着贫穷的生活，你买不起这，买不起那，甚至食不果腹。那时，你告诉自己，一定要成为世界上最幸福的人。你可能不知不觉为自己今后的幸福设立了目标：

（1）买一套自己的住房和一辆车子；

（2）开一家自己的小公司，有几个甚至几十个人可以听从自己的指挥；

（3）有一个知冷知热的伴侣和一个可爱的孩子；

（4）存款达到未来十年衣食无忧的状况。

可能对这四种幸福的向往，在后期的工作和生活中都一一实现了，可你真的感到幸福了吗？你是不是觉得自己，依然每日在不知所措的情况下活着，是不是觉得自己的目标还没有实现？那些短暂的喜悦过后，你是不是依然觉得自己所有的努力和奋斗并不能真的让你感受到快乐？

对此，你思考过没有，如果你没有那么多的追求，懂得享受当下的幸福，那么又会是什么样的心情呢？

哲人说过，生活中缺少的不是美，而是发现美的目光。其实同样，生活中缺少的不是幸福，而是人们不懂得放下的心态。只有放下无止境的追求，保持一颗平常心，学会享受阳光雨露，训练自己对幸福的敏感才能感受到快乐和幸福。

人们常说："欲望无止境。"的确，尤其是对物质欲望、富贵荣耀、名利的追求，更是无穷无尽，而这很可能会让我们迷失自己。而保持一颗平常心，拿捏好尺寸，才能得之淡然、失之坦然，才能合理地节制自己的欲望！

保持一颗平常心，是人生的一种智慧。有一颗平常的心，才能正视现实，甘于平庸，才能收获一份最本真的快乐！

当然，我们要摒除对目标的无止境追求，并不是说我们应该摒弃梦想、甘当平庸之人，而是要让我们在追求目标的过程中懂得珍惜当下、体味幸福。那么，我们如何做到在追求目标的同时不迷失自己呢？

第一，树立正确的人生态度。

人生态度，是贯穿于人的一生的，它具体表现在人们对于人生所遇到的每个问题的态度，这种态度决定了人们的行为。当然，人们的人生态度各有不同，在人生的每个阶段上的态度也有所不同。但正是因为人生的态度的不同，从而引发了不同的人生结果。

一个人只有拥有正确的人生态度，才能正确处理好人生道路上的种种问题，才能获得成功的、圆满的一生。否则，他不仅会在每个具体问题上遭遇失败，而且他的一生也不会有一个好的结局。

第二，坚信自己的梦想。

据说，有一次，爱因斯坦上物理实验课时，不慎弄伤了右手。教授看到后叹了口气说："唉，你为什么非要学物理呢？为什么不去学医学、法律或语言呢？"爱因斯坦回答说："我觉得自己对物理学有一种特别的爱好和才能。"

这句话在当时听上去似乎有点自负，但却真实地说明了爱因斯坦对自己有充分的认识和把握。

第7章 善待自己，一种创伤带来一种成熟

几乎每一人都期望一帆风顺，尤其是在与周围的人打交道时，人们都希望朋友间彼此忠诚，爱人间亲密无间，但事实上这是不可能的。人生，本身就是一场旅途，这场旅途中，我们常常会遭到来自他人的伤害，但无论如何，你都必须承受。比如，被友人无情背叛，甚至污蔑诽谤，你得承受非议的磨难；真情付出却不能“抱得佳人归”，你得承受失意的磨难……每当这时，你也许会无比惶惑，你也许会绝望，想到过破罐子破摔、得过且过……但请你记住，我们无法选择他人对待我们的态度，但我们可以选择如何对待他人。我们都要宽待他人，宽待自己的朋友，宽待自己的亲人。这样，你会发现，那些伤害和磨难对自己来说就成了一种历练，会促使你成长和成熟。

已无退路，只能奋力前行

我们都知道，在人生道路上，困难和挫折是难免的，尤其是希望有一番成就的人们，更要有心理准备。人生会起起伏伏，我们无法预料，但是有一点我们一定要牢牢记住：立于危崖，才能学会飞翔。当你遇到逆境时，千万不要忧郁沮丧，无论发生什么事情，无论你有多么痛苦，都不要整天沉溺于其中

无法自拔，不要让痛苦占据你的心灵。困难来临时，我们要有勇气直面困难并且做到一直向好的方向行进，这才是一种努力达到和谐的状态，只有这样，你最终才将战胜困难。

人们常说“置之死地而后生”。为什么生命在“死地”却能“后生”？就是因为“死地”给了人巨大的压力，并由此转化成了动力。没有这种“死地”的压力，又哪有“后生”的动力？这一点，也向我们证明了困境的激励作用。

实际上，上天对我们每个人都是公平的。为什么有些人能攫取成功的果实，有些人却只能甘于平庸？其中一个很大的原因就在于他们是否有走出困境的毅力。命运在为我们创造机会的同时，也为我们制造了不少“危崖”。如果你在“危崖”面前倒下了，那么你也就失去了成功的机会；如果你经过挫折、失败的锤炼后变得更加坚强，那么你就是真正的强者。不甘于平庸，不想成为失败者，那你就要有勇气面对困境和压力，而不是懈怠和逃避。

有一个穷人为农场主做事。一次，穷人在擦桌子时不小心碰碎了农场主一只十分珍贵的花瓶。

农场主要穷人索赔，穷人哪里能赔得起。最后被逼无奈，只好去教堂向神父讨主意。神父说：“听说有一种能将破碎的花瓶粘起来的技术，你不如去学这种技术，只要将农场主的花瓶粘得完好如初，不就可以了？”

穷人听了直摇头，说：“哪里会有这样神奇的技术？将一个破花瓶粘得完好如初，这是不可能的。”神父说：“这样吧，教堂后面有个石壁，上帝就待在那里，只要你对着石壁大声说话，上帝就会答应你的。”

于是，穷人来到石壁前，对石壁说：“上帝请您帮助我，只要您帮助我，我相信我能将花瓶粘好。”话音刚落，上帝就回答了他：“能将花瓶粘好，能将花瓶粘好……”

穷人听后希望倍增、感到信心百倍，于是辞别神父，去学粘花瓶的技术了。

一年以后，这个穷人通过认真地学习和不懈地努力，终于掌握了将破花瓶粘得天衣无缝的本领。他真的将那只破花瓶粘得像没破碎时一般，还给了农场主，于是他要感谢上帝。神父将他领到了那座石壁前，笑着说：“你不用感谢上帝，你要感谢就感谢你自己。其实这里根本就没有上帝，这块石壁只不过是块回音壁，你所听到的上帝的声音，其实就是你自己的声音。你就是你自己的上帝。”

和故事中的这个穷人一样，身处困境时，你要记住，没有人能解救你，除了自己拯救自己。其实每个人都有拯救自己的能力，许多人走不出人生或大或小的各种阴影，是因为他们没有耐心找准一个方向坚持走下去，直到眼前出现新的洞天。虽然我们经常会遇到挑战和压力，它们会让你身心疲惫，但这些压力也会让人的意志变得更加坚强，性格更加成熟，能力更加提高，从而最终获得成功。因此，从现在起，正视压力，只有将压力变为动力，才能在时间的无涯荒野里种下自己的理想之树，随着生命的律动，春华秋实。

同时，哲人告诉我们，只要信念还在，希望就在。许多人一陷入困境，就悲观失望，并给自己施加很重的压力。其实，应告诉自己，困境是另一种希望的开始，它往往预示着明天的好运气。因此，你只要放松自己，告诉自己希望是无所不在的，再大的困难也会变得渺小。可以说，这也是一种和谐的心态，如果你认为前方路途是好的，那么，你就能朝着这一好的方向行进，并最终看到曙光。

魏尔仑说："希望犹如日光，两者皆以光明取胜。前者是荒芜之心的神圣美梦，后者使泥水浮现耀眼的金光。"希望给人以坚定的信念，心中没有希望就不会耐心地等待，而且最美好的希望往往产生于最无望的逆境中。

人一生不可能常处顺境，有时候你会被淘汰出局，但只要你继续参加比赛，就有希望存在，总会获得让你满意的成绩。天才未必就能富有，最聪明的人也不一定幸福。想要摆脱人生的困境，你要记住让希望的阳光照进心田，要努力拯救自己摆脱困境。

当然，信念只是起到支持行动的作用，要走出困境，关键还在于我们自己。古语云："自助者，天助之。"把别人的帮助当做希望，往往只是一种被动的奢求，外界的帮助使人更加脆弱，自助却使人得到恒久的鼓励。

总之，身处困境中，我们每个人都会心存不快，甚至抱怨命运的不公，但不正是因为这些折磨和困难才使我们成长吗？因为人们驾驭生活的能力，是从困境生活中磨砺出来的。和世间任何事件一样，苦难也具有两重性。一方面它是障碍，要排除它必须花费更多的力量和时间；另一方面它又是一种肥料，在战胜它的过程中能够使人更好地锻炼提高。

不经历痛苦，怎有当下的快乐

生活中的每一个人，都希望自己事业顺利、爱情顺利，能与自己的爱人长相厮守，这是人们的美好愿望。但实际上，我们不难发现，不少人在婚姻生活中遇到了情感危机，此时，该如何是好呢？是一拍两散，还是主动示好，再或者是好言相劝？此时，我们应该做的是冷静下来，理性处理，宽容对方，让对方重新感受恋爱与婚姻中的甜蜜，从而让婚姻绝处逢生。你应该明白的是，没有痛苦的体悟，又怎会有欢乐的珍贵呢？宽待你的爱人，宽待你的感情，你才有可能拯救已经出现裂痕的爱情。

一名男子在经历了几年的事业打拼后，事业有成，但对自己的婚姻却产生了厌倦的情绪，而对妻子的闺蜜产生了好感。在几经思索后，他决定邀请妻子的闺蜜，而对方也答应了他。

出门的时候，他向妻子撒了个谎，说晚上有应酬，晚点回来，妻子也没说什么。

男子如约而至，妻子的闺蜜已经等候已久。于是，男子开始与其交谈，席间，自然免不了谈论他们共同熟识的人——妻子。男子抱怨妻子如何如何地让他感到厌倦，说妻子只懂得柴盐油米，不懂得浪漫。当他试图握住妻子闺蜜的手表白心意的时候，妻子的闺蜜却对他说："对不起，时间到了，我答应了我的朋友。"

他惊讶地说："你朋友是谁？"

妻子女友说："你的妻子。"

他愣然了，一副垂头丧气的样子。一时间，他觉得很惭愧，怎么能这样对待勤勤恳恳的妻子呢？

他拖着沉重的脚步推开家门的时候，妻子正在等他。妻子对他说："这不怨你，我还有做得不到位的地方。"他感到无地自容，只有深深的愧疚和感动。他们俩紧紧拥抱在了一起。

后来的日子，他们彼此之间多了一分信任，一分恩爱。

对待爱人感情的出轨，有的人以报复来求得心理平衡，有的人扯着对方的衣领上法院，有的人与"第三者"厮打成一团。但故事中的妻子是一位大度的女人，当朋友告诉她自己的丈夫有出轨的想法时，她并没有气势汹汹地和丈夫吵闹，而是给丈夫一次反思的机会，然后心平气和地承认自己的不足，并表示自己是爱丈夫的。她的智慧与宽容挽救了她的家庭以及幸福。婚姻中出现第三者，其实双方都是有着不可推卸的责任，这是情感专家调查的结果。而此时，宽容就是一剂拯救婚姻的良药，不仅能帮助夫妻双方增进感情，更能把婚外情扼杀在萌芽状态。

当今社会里，物欲横流，感情泛滥，情又为何物？婚姻总是被背叛、出轨、一夜情这样的毒素所充斥。一些人经常会用一句最简单的话“对爱人没有了激情”作为出轨的理由，去追寻刺激。可是，激情过后，他们会发现，外面的世界虽然精彩，可是更多的是无奈和虚伪；平淡才是真，爱人才是你永远的守候。而在此过程中，作为受伤害的一方，如果你向爱人表达愤怒、不满甚至与之展开战争，那么，只会加快对方离开的脚步；而如果你能冷静处理，尊重其选择，那么，他（她）必当会顾及旧情，念及你的明理、善良等，婚姻才会有转机。

当然，婚姻三步曲中，从“相敬如宾”到“相敬如冰”再到“相敬如兵”；从一往情深，到两情遣倦；从相看两不厌，到相看两厌；从“执子之手与子偕老”的美好宿愿到“转过身之后从此陌路”，感情蜕变之神速让人难以承受。当婚姻里的情感陷入危机时，你也可能会慨叹“早知今日不该当初”，就会有“如果当初如何如何，现在就不会怎样怎样”。但处理感情问题，且不可暴躁，必须冷静，冷静才能分析出问题的根源。如果冷静分析之后，还找不到在一起的理由，那就应另外寻找出路了。

现代爱情和婚姻已经越来越宽容，爱不是卖身契，谁都不是卖给对方的，有缘分才能一辈子白头到老，没有缘分大可不必强迫对方跟你“从一而终”。是你的，永远会属于你；不该你的，即便得到也没有任何幸福可言。

其实，我们的一生正是因为磨难才精彩。百无聊赖的人生，如果感受不到成功的喜悦，最终得到的就是冰冷的失落。不曾遭遇失意和痛苦，欢乐和幸福只能是表面的、脆弱的；经历磨难而不能泰然处之，也就永远不会真正地、深沉地实现辉煌的人生。正因为如此，如果你的爱情出现了瑕疵，如果你困于这种不如意之中，终日惴惴不安，那生活就会索然无味。与之相反，如果你能抱着宽容的心面对爱人，那么，灿烂的爱情主旋律必定会再为你奏响。

总之，如果你的婚姻亮起红灯，你能够冷静处理，不激化矛盾，不扩大纷争，既是保护自己，也许还会给婚姻一线生机。退一步讲，即使分手也并不是世界末日；面对分手，从心灵上呵护自己，从经济上考虑自己，倒是必要的。因为即使没有了婚姻，但生活还要继续。投入地爱但不失去自己，的确是现代人面对婚姻所需要的基本智慧。

别掌控你的爱人，让爱呼吸自由空气

人与人在相处的最初，总会保持一定的小心翼翼，熟稔开了便会随意许多，但处久了难免会有磕磕碰碰。似乎有个说法叫：因不了解而在一起，因了解而分手。同样，婚姻中，夫妻双方之间也是如此，距离产生美。为爱人留一个自由的空间，其实是信任的表现。可以说，信任是夫妻之间感情存在的基础，一对恋人能够由恋爱进入婚姻的殿堂，主要原因之一就是互相信任，并愿意把下半生的幸福交给对方。无论是男人还是女人，都希望自己的爱人信任自己。猜忌是婚姻的最大杀手，事实上，在很多婚姻中，都存在猜忌这一问题。尤其是一些女人，她们总是表现得很“精明”，她们翻看丈夫的公文包，探询丈夫的行踪，查阅丈夫的手机信息，试图为自己的猜想找到蛛丝马迹，结果往往酿出一场场家庭悲剧。

“我们要天天思念，但不要天天相见；只需要悱恻缠绵，绝不要柴米油盐；有共同生活的经验，绝不用共同的房间……”现代社会，一些年轻夫妇已经采用了这一相处模式。的确，两个人结婚，并不意味着要完全做到成为彼此的一部分，更不能和过去的生活完全说“再见”，我们需要认识到距离对于夫妻关系的重要性。对待婚姻理智一点，为夫妻关系留点距离，也有利于反省我们在婚姻中的得失。

实际上，无论是妻子还是丈夫，都要明白，也一定要明白，婚姻这个字眼是阳光的，在一个充满了猜忌的环境里，爱就会消失殆尽；而在一个相互尊重、接纳、诚恳的环境里，爱才会茁壮成长。如果我们都能做到信任对方，那么，爱情里就多了些安全感，婚姻自然能美满幸福。

有这样一个女人，她和丈夫结婚三年了，结婚的第二个年头里，他们就有了一个可爱的宝宝。可以说，他们的生活一直是幸福美满的，但一次手机事件差点毁了这一切。

那天，妻子把儿子送到了公公婆婆那里，然后收拾一下就和自己的几个好朋友出门逛街喝茶去了。终于能忙里偷闲，她感到一种好久未有的轻松。

逛街的过程中，她明显发现闺蜜心情不好，询问过后才知道闺蜜的老公出轨了。闺蜜告诉她："我一直以为他对我是忠诚的，但那天晚上，我听到他手机响了，他不在客厅，去洗澡了，我就接了一下，没想到是一个发嗲的女人。后来，我质问他，他承认了。我到底做错了什么？这么多年，我舍不得吃舍不得穿，就是为了给他节省点，好让他存钱创业，我辛辛苦苦上班，还要带孩子。结果却换来……现在的男人怎么都这样？"闺蜜的话让妻子心里一惊，两人是极好的朋友，家庭模式也相同，而她自己对于丈夫，也是信任有加的，难道他也会……

抱着这样的想法，妻子也想对丈夫一探究竟。这天，趁着丈夫带着儿子到楼下散步的工夫，她从丈夫的外衣口袋中拿出手机，一条条地翻看他的短信。此时，她的心理是微妙的，她想寻觅到什么，却又不想发现什么。但最终，除了几条节日快乐类和服务类的信息，她并未发现什么。查看完短信，她又开始翻看通讯记录。她不明白的是，为什么丈夫通讯记录上的号码都没有姓名显示，为什么都是陌生号码呢？正当她思索之际，丈夫居然推开门进来了。

“你在干什么？”丈夫的话才让她回过神来。

“我……我……”她顿时愣住了，因为的确是她做得不对。

“我一直以为，你和那些整天疑神疑鬼的女人不一样，你让我没有后顾之忧。但现在看来，是我错了，既然你不信任我，为什么要嫁给我？”

是啊，既然嫁给他，为什么又不信任他呢？妻子扪心自问。

“对不起，真的对不起，以后我不会这样了，我保证。”

听到妻子这么说，丈夫一把搂住妻子。妻子分明看到，这么多年从没流过泪的老公眼里流出热泪，他伤感地说：“相信我，我要给你和孩子幸福。”

外面已经下起了雨，但这个小小的家中却充满了暖意。

看到这一幕，我们也不禁为这对幸福的夫妻感到高兴。但生活中，有几个男人能和故事中的丈夫一样大度，能原谅妻子对自己的质疑和不信任呢？面对妻子对自己手机的侦查，大部分男人估计会怒火中烧，一场争吵在所难免，甚至会引发婚姻危机。

婚姻生活中，我们与爱人的关系应该是独立的，对另一半无时无刻的管制只会对婚姻起到反作用。你需要做的是放手，给对方留出自己的空间。

那么，在婚姻中，我们该怎样做到信任对方呢？

1. 少猜心思

对于爱人的任何一种行为，你都不要过多地猜想。因为很有可能你猜错了，这会造成不必要的冲突。我们常常发现那些假设、感觉、幻想到头来是错的或者只有局部正确。很多时候，只是因为我们缺乏安全感而已。

2. 少做解读

你要明白，无论是男是女，在婚姻中，都希望自己还保有一定的空间。你需要做到：明了自己的怨恨之情，并小心不要通过分析伴侣的行为而偷偷地表达这种不满，敞开心怀并且满怀爱意地聆听。

3. 少点在意

你爱人的行踪，你没必要时时过问；他在撒谎，你大可以听他胡吹乱侃，也没必要非要揭穿；他暴露了某个错误，你也不需要揭穿他。

总之，经营婚姻、对待爱人，我们一定要秉持信任的原则，千万别因自己的小聪明而把自己推向痛苦的深渊。正如人们所说的，还是做个快乐的傻子吧。如果像机敏的侦察员一样活着，会使你苍老、憔悴，会打破原本平静的生活，失去本该属于你的幸福。

既已远去的爱，就放手吧

爱情应该是世间最为美妙的东西，因此才会令那么多的人不断地追求与向往；爱情也应该是人世间最美好的一种情感，所以才会让人品味到一种难以言状的幸福；爱情应该有超强的磁力，所以人们不惜耗尽一生的精力去追求这种至纯至美的爱情。

然而，生活中，有许多对于爱情太过执着的人。爱是一种那么模糊的东西，你说不明白它到底是什么。它或许是你早晨睁开眼睛的一个微笑，或许是你杯子里热腾腾的绿茶，或许是恋人的一个脉脉的眼神，或许是爱人在你肩头的一个细微的抚摸，或许是深夜孤独时的美丽灯光，或许是你寂寞时节里的一个短信的祝福……你不能说明白到底是什么，但是它却在你的身边环绕着。爱有很多种，有的你可以直接感觉到，比如对爱人的牵挂、对孩子的亲昵、对老人的惦念、对朋友的祝福。但是这个世界上还有一种爱，你捉不到，看不见，它只能在你内心的深处，悄然的，静静的，在你的内心里泛着波澜。那种爱，你不可以把它拿出来，在阳光下曝光，不可以把它当成你生命旅程中的伴侣，因为这种爱叫作放手。

你对佛说：“为什么属于我的爱我得不到，为什么让我那么悲伤，为什么执着的我那么受伤害。”佛说：“有一些东西本不该属于你的，有一些东西只要你曾经拥有过，就应该叫做幸福。因为有一种爱叫做放手。”

曾经有一个男人，英俊潇洒，他按部就班地生活着，很平静，很幸福。在他的内心世界里，只有家的温馨。年少时的梦已经在他的心里消失了，他很现实，很现实地过着和所有的普通人一样的生活。

有一天，他在网络中遇到了她，一个很安静的她。那个她曾经是他年少时候的梦，于是他们相爱了。爱得很悄然，爱得很真诚，爱得很糊涂，爱得很无奈。就这样悄悄地过了几年，他们因为爱着对方，经常感觉到莫名的痛苦。原来爱也是痛苦的。他们曾经想到过牵手，但是不能，因为他们都各自有家。他们也想到过分手，但是不能，因为他们都是对方年少时那美丽的梦。他们痛苦，他们悲哀，他们感觉到了命运的捉弄。因为这样的爱，他们不可以拥有。有时候他们感觉到幸福，因为他们彼此都爱着对方。他们觉得拥有爱，拥有一份真诚的爱恋，很满足；有时候他们感觉到绝望，因为他们不可以在一起，虽然相爱，但是却咫尺天涯。原来爱是这样的一种无奈。终于有一天，他们都感觉到了这一点，于是，他们悄悄地、慢慢地让自己消失，消失在对方的视线里。也许他们都顿悟到了一点：原来有一种爱叫做放手。无奈中，悲凉中，痛苦中，寂寞中，绝望中，他们分手了。不是因为不爱，而是因为深爱着。

的确，能够放手的爱也是美丽的。不能拥有的爱，不能得到的爱，就放手吧。只要你曾经拥有，曾经幸福过，你的人生就是幸福的。

一个人失恋不可怕，可怕的是失去自己，没有勇气重新开始。一个为爱而自怜伤叹，每晚伤心抽泣的人，到头只能赢得他人的耻笑，而不是同情！任何人，只有结束不适合自己的恋情，才是一种解脱，才能给自己机会，重新去寻找新的幸福。

他是一名大学教师，已经三十好几，但还没有找到对象。家里急了，他自己也急了，于是，在朋友的介绍下，他认识了在某事业单位工作的她。见面之初，他们都对彼此的谈吐很中意。很快，在所有的亲朋好友的祝福下，他们结婚了。

但真当他们成为夫妻后，才发现彼此在很多问题上存在很大的分歧。于是，他们经常吵架，没有哪一天是安静的。最终，刚结婚半年的他们，就决定离婚。但令周围朋友奇怪的是，离婚后的他们反倒关系好了，一方遇到什么麻烦事，另一方总是出手相助。他开玩笑地和朋友说：“可能是婚姻束缚了我们吧。”

的确，正和故事中的男女主人公一样，当爱情不存在的时候，如果我们还死死抓住不肯放手，那么只能伤人伤己。而适时放手，则是一种解脱。因此，分手、失恋，都不必太在意，因为昨天即使再美好，也必将成为过去，今生还有很长的路要走，更重要的是过好今天，把握今天。

许多人会在恋爱中迷失了自己，找不到自我，甘心付出很多，结果却是一败涂地。如果说杰克死后，露丝也跟着沉到海底，那么就没有了那感人至深、赚了观众无数泪水的《泰坦尼克号》。爱情的意义不是让一个人为另一个人牺牲，而是两个人共同付出，彼此幸福。我们最需要的是从童话中走出来。

我们都是平凡的红尘男女，挣不出爱恨纠缠的情网，逃不出爱与被爱的旋涡。心碎神伤后，是漫无止境的寂寞。寂寞吗？或许吧。但是细细体会寂寞后的洒脱，想想除他以外的快乐，想想再也不用为了猜测他的心思而绞尽脑汁，会不会轻舒一口气，感觉轻松一点？

其实，在我们的生活中，有一些东西是不属于我们的，就如道路两边的行道树，只能远远地相望着，永远不能牵手。其实远远地相望也是美丽的，美丽的欣赏、美丽的相望、美丽的祝福，这就是爱。这种不束缚的爱就叫做放手。

找到自己的路，然后慢慢走下去

我们生活的周围，有这样一类人，他们勤恳、努力、认真，对周围的亲人、爱人、朋友无微不至地照顾，工作中事必躬亲，总是希望周围的一切都在他们的掌控之中。然而，正因为如此，他们比其他人活得更累。而如果他们能学着放手，自然会轻松很多。事实上，他们没有意识到的一点是，社会中的每个人，都有属于自己的路，成为什么样的人、走什么样的人生路，决定权都在自己手里。因此，我们不可能掌控他人的人生。因此，无论是工作还是生活中，我们都要学会放开手，不要时时想着掌控他人。

在某国营单位，有这样一位老员工，他是所有的同事和领导羡慕的对象，因为他有一位品貌俱佳的妻子：她在单位里是中层干部、先进工作者，在家里是贤妻良母，对丈夫照顾得无微不至。她从不让丈夫洗衣做饭，如果丈夫加班，她就去送饭。丈夫穿的用的全是她买，丈夫的皮鞋、领带都是她擦、她系，丈夫“爬格子”，她总是左右伺候，端茶倒水。每每论起内助如何，大家总是羡慕他的福分，羡慕他们亲密无间，朝夕相伴。

但这位老员工却总觉得自己的妻子与人家的妻子相比有天壤之别。半年后，他居然与他的贤妻离婚了，据说单位和亲朋好友调解多次，妻子也不解地问他“哪点对不住你”，但他铁了心，坚持离她而去。很多同事曾直截了当地问他是否另有新欢，是不是喜新厌旧，他只是说：“过腻了，这样活着，吊不起胃口。”

生活中，可能很多妻子都和故事中的这位贤妻一样，一样勤勤恳恳地为家庭操劳，对丈夫无微不至地照顾，他们对这夫妻俩的婚姻结局也会产生质疑：到底哪里出了问题？从她丈夫的话中，我们大致能了解到男人们内心的想法，他们需要的是一位妻子，而不是一位母亲。朝夕相伴，无私奉献，爱情之火也不一定就能持久地燃烧。

其实，每个人都希望能自己做主，即使我们的亲人，他们也希望有自己的生活空间。放开手，你的身心也会得到放松。

除此之外，在工作中，我们也不能凡事都揽在自己身上，而应该学会放权，学会给他人表现的机会。否则，我们在身心俱疲的同时，还有可能成为他人厌恶的对象。

有这样一位陆军中校，叫蓝迪。他来到一个遥远的国家，创办了一家咨询公司。这家公司成长很快，公司的员工也都来自他的家乡，他们工作起来很努力、认真。员工们都很羡慕蓝迪，因为蓝迪每天除了参加重要客户的会议外，其他事务则都授权给年轻合伙人处理。

蓝迪虽是公司领导者，却不管理任何行政事务。他把所有精力拿来思考如何在与重要客户的交易中增加获利，然后再安排用最少人力达到此目的。蓝迪的手上从不曾同时有三件以上的急事，通常一次只有一件，其他的则暂时摆在一旁。为蓝迪工作的人在时间效率上充满了挫折感，因为同蓝迪比起来，他们的效率实在是太低。

可以说，蓝迪是个高效率的领导者。他之所以能成功管理好自己的团队，就是因为他懂得抓大放小，放下那些琐事，把主要精力放在更为重要的事情上。而和蓝迪不同的是，很多企业领导者每天不得不面对繁忙的工作，还有来自公司、同事及下属的压力。各方面的压力使他们穷于应对，于是抽不出时间做真正该做的事：解决根源性问题、统筹布局、培养下属。压力还使他们心力交瘁，持续处在焦虑状态之中，在工作中难以发挥最大成效。诚如一位管理者所言：“做一个主管，要注意目标，就像游泳一样，要一边游，一边看前方，不要一头撞到池壁才知道到了。不要花太多时间在小问题上，要多花时间在目标上。”

的确，那些在工作中做到游刃有余的人，通常都是懂得放权的，他们相信下属能做好。于是，他们能为自己腾出更多的时间愉悦身心，放松自我。因此，如果你是个领导者，那么，你应当抛弃将员工当做工具的封建家长式的作风，取而代之的应是尊重员工的个人价值，合理地设计和实行新的员工管理体制，最重要的是要做到给予下属权利，把员工看成企业的重要资本、竞争优势的根本，并将这种观念落实在企业的制度、领导方式等具体管理工作中。

另外，给予下属权力也是为领导者自身分担工作的重要方法。在领导工作中，面对看似无法完成的工作任务，领导者最有效的办法就是要知人善任。这样领导自己便可以腾出一些时间和精力抓大事，部属也可以小试牛刀。

总之，无论是生活还是工作中，懂得放手，不仅是对对方的一种尊重和信任，更是现代社会人们释放压力、调节身心的重要方法。否则，你抓得越牢，你就越累！

第8章 活在当下，过去和将来就让其云淡风轻

有人说，我们可以把人生分为，昨天、今天和明天，昨天已经过去，明天还未来到，我们所能掌控的也只能是今天。的确，人生如梦，沉溺于过去，也只能让我们拾回一些残存的记忆和伤痕而已；而未来，我们谁也无法预料，殚精竭虑也无益处，对此，我们要善待自己，无论过去发生了什么，未来会发生什么，我们都要放宽心，只有做到不畏将来、不念过往，我们才会收获最淡然的一份快乐。

既成事实，就坦然接受吧

人生道路上，总是会出现我们无法预料的事情，我们渴望成功，但结果并不一定如我们所想象，那么，我们面对不能避免、不可改变的事实——失败面前，最好的态度就是认定事实，做出积极乐观的反应。

然而，在面对困难和失利时，我们总是听到一些人不停地抱怨，不断地自责。这样一来，将自己的心境弄得越来越糟。这种对已经发生的无可弥补的事情不断抱怨和后悔的人，注定会活在迷离混沌的状态中，看不见前面一片明朗的人生。

事实上，我们的生命正因为挫折而精彩。因此，在挫折面

前，我们必须具备一定的承受挫折的能力，在既定事实面前，与其终日惴惴不安，还不如坦然接受，当然这需要我们历练一份坦荡的心境。只有这样，我们才能以豁达的胸怀来应对生活中的每一份酸甜苦辣，让原本平淡乏味的生活焕发出迷人的色彩。

1985年9月19日清晨7时19分，墨西哥西南岸外太平洋底发生了8.1级强震，震波约2分钟到达墨西哥城。顿时，该城大地剧烈颤动，仅仅90秒钟的时间，市中心30%的建筑物便化为瓦砾。在这次地震前的几小时，可爱的胡安娜·哈斯敏·阿利亚斯出生了。在那场灾难中，她失去了妈妈。但同时又很幸运，她是当年警察和士兵们从墨西哥城华雷斯医院废墟里救出的第一个孩子。

爸爸因为无法承受失去妻子的痛苦而和年幼的胡安娜疏远。一直以来，胡安娜都住在自己的姨妈家中。但当别人问胡安娜“那场灾难让你失去了母亲，你有什么感想”时，胡安娜并不觉得又一次被触碰了伤疤，她从没觉得自己和身边的其他人有什么不一样。对她而言，抚养她长大的姨妈给了自己全部的爱，她就和母亲一样。妈妈能给予的，姨妈也毫无保留地给予了她。

长大后胡安娜接受了墨西哥城特意成立的一个专门的心理医生小组的治疗，积极的心理治疗让胡安娜跨过了那道艰难的坎。

胡安娜说，正因为知道自己能活下来就是生命的奇迹，所以她要做的就是“朝前看”。

的确，胡安娜的心态是值得很多人学习的，灾难已经发生，就不要再回首，当你回头往后看那个绊倒你的坎时，你又会想起以前的不幸经历，之前的伤疤又会被重新揭开，隐隐作痛。应该把头抬起来，天空依然星光灿烂。苦难有时会置人于死地或让人颓废，但有时也会使人焕发出巨大的潜能，快速地成长。

从这个故事中，我们应该向胡安娜学习，无论你在生活中遇到什么，你都要乐观，抛却那些伤心的往事，抛却那些失败后的懊恼吧！若想开心地生活，就必须勇于忘却过去的不幸，重新开始新的生活。

莎士比亚说过："聪明的人永远不会坐在那里为自己的损失而哀叹。他们会用情感去寻找办法来弥补自己的损失。"美国著名文学家华盛顿·欧文曾有过这样一句名言："人世间的任何境遇都有其优点和乐趣，只要我们愿意接受现实。"这句话也是在告诉我们，无论发生了什么，我们首先要做的就是学会接受它，然后学会适应它，只有这样，我们才能以崭新的面貌走出困境。

有句话说得好，"不经历一番寒彻骨，怎得梅花扑鼻香"。只有不断经历摔倒的苦痛，才能脱胎换骨。挫折，是一个谁也不想遇到但谁也无法避免的东西，所有的人都畏惧它的存在，这是因为人们并没有真正理解挫折的本质。挫折本身是无罪的，可是人们却十分讨厌它。其实，正是因为挫折，才使我们的生活变得更加精彩，才使我们能够最终获得成功。挫折能将生活、家庭乃至世界变得更加精彩。如果你未经历一次挫折就直接获得了成功，那么，你就不会去努力创新，等待你的将是两个极端——光辉的一生或一辈子的失败。而如果经过挫折才成功，你将会拥有最高的荣耀，你不会因为没有创新而被淘汰，也不会因失败而黑暗一辈子。

有位哲人说过："假如上帝在你面前撂下了一座山，那么你绝不要在山脚下哭泣！翻过它就是了！"多么富有哲理的话呀！我们确实要用希望的力量来武装自己，勇敢地去翻越挡在自己面前的那一座座生活的高峰。所以，在生活中，无论遇到多么难办的事，我们都要保持积极乐观的心态，要相信一切问题都会解决的。

总之，心态不仅体现一个人的智慧，更能决定一个人的生活、命运和价值的取向，心态是我们成功的关键，生活中每一个成功者无不是心态的主人。良好的心态对于我们的成功具有决定性的作用，不管我们做什么，首先我们应该学会保持良好的心态。而一个人，只有学会承受成败，才能节省下精力去为成功创造条件。没有人能有足够的情感和精力，既能抗拒不可避免的灾难，又能创造一个新生活，你我只能在其中选择一个。

心头重压，让人疲惫不堪

人生苦短，有喜就有悲，正如天气有晴有阴一样，阳光不会一直照耀着我们。正如旅途一样，生命之旅也不会一帆风顺，总会有羁绊出现。那些羁绊、那些不如意，难免会使我们的心头产生重负。但如果我们在行走人生的路上，一直放不下这些重负，那么，我们的世界将充满灰暗，我们也会感到身心俱疲。事实上，无论过去发生了什么，我们都要宽待自己，做到不念过去，要朝前看，只有这样，我们的旅途才会充满阳光。

的确，一个人生活的快乐与否，完全决定于个人对人、事、物的看法如何。因为，生活是由思想造成的。如果我们能积极向前，想的都是快乐的念头，我们就能快乐；如果我们想的都是悲伤的事情，我们就会悲伤。的确，人生在世，快乐地活着是一生，忧郁地过也是一生。是选择快乐还是忧郁？这完全取决于做人的心态，正确的做法就是不断地培养自己乐观的心态，远离悲观，它既是一种生活艺术，又是一种养生之道。

我们再看下面一个故事。

法正是一位德高望重的老禅师，每年都有成千上万的人去请他解答疑问，或者拜他为师。这天，寺里来了几十个人，全都是因心中充满了仇恨而活得痛苦的人。他们跑来请法正禅师替他们想一个办法，以消除心中的仇恨。

法正禅师听说他们的痛苦后，笑着对他们说：“我屋里有一堆铁饼，你们把自己所仇恨的人的名字一一写在纸条上，然后一个名字贴在一个铁饼上，最后再将那些铁饼全都背起来！”大家不明就里，都按照法正禅师说的去做了。

于是，那些仇恨少的人就背上了几块铁饼，而那些仇恨多的人则背起了十几块，甚至几十块铁饼。

一块铁饼有两斤重，背几十块铁饼就有上百斤重。仇恨多的人背着铁饼难受至极，一会儿就叫起来了，“禅师，能让我放下铁饼来歇一歇吗？”法正禅师说：“你们感到很难受，是吧？你们背的岂止是铁饼，那是你们的仇恨。你们的仇恨你们可曾放下过？”大家不由地抱怨起来，私下小声说：“我们是来请他帮我们消除痛苦的，可他却让我们如此受罪，还说是什么有德的禅师呢，我看也就不过如此！”

法正禅师虽然人老了，但是却耳聪目明，他听到了，一点也不生气，反而微笑着对大家说：“我让你们背铁饼，你们就对我仇恨起来了，可见你们的仇恨之心不小呀！你们越是恨我，我就越是要你们背！”有人高声叫起来：“我看你是在想法子整我们，我不背了！”那个人说着当真就将身上的铁饼放下了，接着又有人将铁饼放下了。法正禅师见了，只笑不语。终于大部分人都撑不住了，一个个悄悄地将身上的铁饼取些出来扔了。法正禅师见了说：“你们大家都感到无比难受了，都放下吧！”大家一听立即就将铁饼放了下来，然后坐在地上休息。

法正禅师笑着说：“现在，你们感到很轻松，对吧？你们的仇恨就好像那些铁饼一样，你们一直把它背负着，因此就感到自己很难受很痛苦。如果你们像放下铁饼一样放弃自己的仇恨，你们也就会如释重负，不再痛苦了！”大家听了不由地相视一笑。

法正禅师接着说道：“你们背铁饼背了一会儿就感到痛苦，又怎能让仇恨背负一辈子呢？现在，你们心中还有仇恨吗？”大家笑着说：“没有了！你这办法真好，让我们不敢也不愿再在心里存半点仇恨了！”

在我们的生活中，不少人都把曾经的仇恨、悲伤、嫉妒等各种情绪放在心上，但这些负面情绪，正是让我们劳累的重负。如果你不愿意放下，那么，就是跟自己过不去，就是让自己受罪。如果你心头有重负，不妨放下吧，你会发现，你就像卸下了一块大石头一样。

其实，我们每个人都有过去，甚至大多数时候，这些过去是悲伤的，只不过有的人愈合得天衣无缝，有的人留下了累累疤痕，甚至有的人在小小的刺激下，就会面目全非。我们可以受伤，我们可以流血，但我们要在最短的时间内医治好自己的伤口，尽可能整旧如新。因为没有幸福，谁也别想留住健康。

尘世之间，变数太多。事情一旦发生，就绝非一个人的心境所能改变。伤神无济于事，郁闷无济于事，一门心思朝着目标走，才是最好的选择。相反，如果跌倒了就不敢再爬起来，就不敢再继续向前走，或者就决定放弃，那么你将永远止步不前。

命运是个让人琢磨不定的怪物，它的性格喜怒无常。它会出人意料地给人带来惊喜，同样也会毫无来由地给人送来可怕的灾难。但无论我们遇到了什么，我们都要记住，一切都将成为过去，我们不必把那些过往都积压在心头，否则，它们就会占据我们的心灵，让我们失去欢乐，永远生活在它们的阴影里。

总之，快乐的人懂得善待自己，他们总会给自己创造快乐；悲伤的人则总让自己变得悲伤。不是生活让你怎么样，而是你使得生活怎么样。我们每个人都有自己的快乐，只是需要你去找到它，那就是幸福了。

继续前行，不要走回头路

南唐后主李煜在《乌夜啼》中写过这样一句诗："自是长恨水向东。"其实，人生何尝不是如此呢？自打我们来到人世的第一刻起，我们就像川流不息的溪水一样不断往前走、从不停歇。岁月匆匆，人生漫漫，时光的逝去，让我们不知不觉从童年到了青年、中年，再到了老年。我们可以控制很多人和事，但却抵挡不住岁月的流逝，曾经的梦想、意气风发，都会在漫漫人生路途中消磨殆尽，随着时间一去不复返。

在幼年，我们学会了语言；在少年，我们懂得了教养；在青年，我们明白了是非；在壮年，我们体会了恩怨；在老年，我们参透了生活。但当你暮然回首那些岁月时，你会发现无论是辉煌还是凄凉，也不管是成功还是失败，没有谁能让时间的车轮倒转，更没有谁能让火热的青春重现。时光已在岁月中逝去，一切都难以再挽回。当我们走到生命尽头的时候，就会感慨人生留下了太多的遗憾！

生命对于每个人只有一次，这是一条不归路，人生没有回头路，绝没有第二次选择的机会。我们没有办法去给自己做假设，也永远不知道未来会发生什么，所能做的就是一步步向前走去。人生一旦选择了一条自己喜欢的路就没有理由不走下去，也没有什么可以后悔的。要知道自己所走的路，一定会走得很艰辛，不要去奢望什么，更不要逼迫自己什么。

因此，生活中的人们，无论你经历过什么，或者正在经历什么，都请记住，一切都会过去。把一切交给时间，不念过往，不畏将来，是学会善待自己的表现。

曾经有这样一个故事：伟大的所罗门王做了一个梦，梦中，智者告诉他一句至理名言，记住这句话，可以让人在得意时不骄傲，失意时不痛苦。但是所罗门王醒来时却忘了这句话是什么，于是他召集了王国里最有智慧的长者，并且给了他们这枚戒指，告诉他们，如果想出这句梦中的话，就把它刻在这枚戒指上。几天后，戒指被送还给所罗门王，上面刻着：“一切都会过去！”

是的，一切都会过去的，无论发生什么，它即将成为过去，未来将会来临。当你感到情绪低落时，请以这句话自勉。而事实上，任何痛苦和逆境都是有意义的，你现在所受到的痛苦，不是毫无意义的。人生不如意，十之八九，人一辈子会碰上许许多多的痛苦，这是我们无法避免的。痛苦可以让人颓废，也可以激发人的斗志。痛苦也磨炼了人的意志，让人们不会轻易地被困难所打倒。

人生有高潮就有低谷，人生如同一场游戏，没有一个定数，所以又何必处处计较？不如保持信心与期待，胜不骄，败不馁，在这个美丽的人间留下自己坚实的足迹。或许你以为在你面前，有很难翻过的门槛，其实当事情过去以后，你会发现，这在你人生路上是多么不显眼的一件事情，根本无须惊怕；所以，你应该重新扬起自信的风帆，鼓起劲儿摇桨，向成功的彼岸进发。

人生路上风光旖旎、五彩缤纷，人生的改变也许就在一瞬间。要把握好每一个可能的机遇，这样，人生才会少一些遗憾！也许人生就是这样的不完美，这是一种遗憾，但也是一种公正。人生没有回头路，正因为不可以重来，生活才有滋有味，人生才多姿多彩；正因为不可以重来，我们才学会珍惜现在，才懂得开拓未来。

人生没有回头路，只能在叹息和惋惜中回味曾经的拥有；人生有许多珍贵的东西，是值得我们一生回忆的，但更多的是让我们明白了很多的道理。既然改变不了生命的长度，那么我们就努力的去拓展生命的宽度吧。我们如果已经错过了春花夏雨，那就绝对不能再错过秋月冬雪。我们在生活中行走，在行走中学会了好好地生活，人生之路是直路也好，是弯路也罢，都要走好每一步，人生没有回头路可走。因此，我们还要记住一点，把握好今天，充实好自己，才能更好地迎接明天。

一只猴子被暴风雨淋得晕头转向，浑身发抖，无处可躲。于是，它决定明天一定造一个漂亮舒适的房子。可是，第二天雨过天晴，猴子却伸了伸懒腰想："等明天再造房子吧。"于是又尽情地玩去了。时间一天一天地过去了，猴子却一直没有把房子造好，只是暴风雨又来临之时，它才后悔不迭。

"明日复明日，明日何其多"，我们绝不能像那只贪玩的猴子那样，总把希望寄托给明天。抓紧时间，做今天的事，才是最实在的，才能解决当下的问题，找到出路。

人生百味，百味人生。我们的一生中，经历了无数的人和事，有欢乐，有痛苦；有顺境，也有逆途；有经验，更有教训。一个迷茫的梦，一段遗憾人生！就这样我们行走在生活中，走过了一个又一个的昨天。人生只有三天，昨天已成过去，无法重新上演；明天属于将来，无法给自己预先写好剧本等待自己的演绎；只有今天才是应该珍惜的。现实的世界令人应接不暇，沉浸往事只能倾斜心灵的天平，寻觅过去只能拾回尘封的梦幻。

只有把失落、遗憾和悔恨埋进昨天，我们才能真正拥有一个崭新的今天；只有把勤奋、拼搏和执着播满今天，我们才能真正拥有一个灿烂的明天，才能看到人生壮丽的风景，才能享受生活丰富的内涵。人生只有在向彼岸不断进取的征途中，才能焕发出绚丽迷人的光彩……

勇敢面对，谢谢你离开我

生活中无不存在着得与失、进与退、坚持与放弃、去与留、成功与失败，面临着一个个主动或被动，有意或无意的选择、巧合和错过。有得必有失，有失也会有所得。有时候，得到的未必就是好的，或者说不是最适合你的，而且也未必长久；失去的也未必是不好的，不是你最想要的，而且也未必昙花一现。爱情正是如此。

张小娴曾说过这样一句话："谢谢你离开我。"这句话是要告诉所有处在失恋痛苦中的人们：爱情让人成长。失去的是一段感情，但你获得的，是人生的一次体验和成长。感谢那个离开你的人，是他让我们变得更好。

我们不妨先来看下面一段爱情故事。

"我认识我老公的时候，他当时正失恋。随后，他开始追我，那阵子我身体很不好，住在医院，他便天天去看我。但家里以及所有的朋友都反对我嫁给他，其中一个朋友对我说，穷男人不能嫁，花心男人更不能嫁，如果又穷又花心，那就是火坑。他们告诉我，他在我之前至少跟5个女人同居过。我没有介意，因为他并没有瞒我。结婚一个月后我怀孕了，到那时我才知道，他为了娶我，欠了很多债。我跟他商量，以后他的工资做日常开销，我的存起来，以备不时之需，他同意了。但因为我的工资比他高出很多，结果每个月发薪水那天，他都会发脾气。再后来女儿落地，他却在那个时候辞了职，说是要做生意。我把我全部的积蓄都给了他。

不幸的是，他根本不是做生意的料，钱全部赔掉了。孩子出生后三个月，我就开始上班了，因为家里实在没钱了。而就在那个时候，我发现他有了外遇。他对我坦白，说他过去的那个女朋友来找他了。我当时就哭了，但他向我保证，以后不会再做对不起我的事情。但不久，我就撞到他们在一起，那一次，他竟然当着她的面对我说离婚。那件事情对我打击很大，我病了很长时间。大概两个月后，他来找我，诅咒发誓甚至跪在我面前求我，我相信了他。但不料，我又发现了他和那个女人的暧昧短信。最近我发现自己又怀孕了，我说等我把孩子流掉之后，咱们分开吧。他说不要老说这些话，他跟那个女人没有可能的，我才永远是他的老婆。他说想要这个孩子，但是被他伤了这么多次之后，真的很难再去相信他，我到底应该怎么办？”

可能当我们听完这个故事之后一定会说，这样的男人还有什么好留恋的？换句话说，如果这样的事情发生在她周围的任何一个朋友身上，估计她自己都会坚定地说：“离婚！”但有时候，面对情感，人们就是这样执着，也许你会认为，哪有那么容易做到？但你要记住，苦难是强者的垫脚石，是弱者的深渊。有很多人，经历了不幸，但他们把不幸变成了人生的财富。

有时候，失恋也未必不是好事。也许，那段你以为刻骨铭心的恋情，其实并不是你想要的，你知道，你所真正需要的爱情。有道是：强扭的瓜不甜。爱是两个人的事，不能一厢情愿。爱与被爱、彼此欣赏、相敬如宾、忠贞不渝、互悦互助互动才是爱的真谛和最高要义与外在形式。那种单相思、独角戏、多角恋、朝三暮四、始乱终弃、见异思迁、喜新厌旧，或视爱情如游戏、婚姻如交易，恋爱动机不纯的现象，充斥着神圣的爱情伊甸园，成了当今文明社会“情感市场”的一大景观，司空见惯。其实，真正爱一个人，应该尊重对方的选择，处处为对方考虑，即使不能在一起，依然心中有爱，不会将爱变成一种伤害，化爱为恨。那种所谓爱不成，则因爱之深，恨之切，走向报复毁灭他人或自己的说法与做法，是不懂爱、误解爱、曲解爱的无稽之谈，是一种狭隘的占有心理，既不可取、不可爱、不理智，也玷污了爱的神圣和本意。

为此，你必须对失恋有一个正确的认识：

恋爱与失恋都只是一种选择的结果，他没有选择你，并不是表明你一无是处，只是彼此不合适而已。

你从失恋中获得的，是其他任何经历都不能给予的财富。

在这个过程中，可能你会体会到一种难以遏制的痛苦、一种心灵的冲击，但正是因为这样，你才更应该把它当成一笔人生的财富，它使你有了更多的人生体验，使你在失恋中变得更加成熟。

失恋是另一场爱情的开始，你要明白，失恋可能对于你来说是一次挫折，但却给了双方另一次恋爱的机会。

其实，有恋爱就有失恋。失恋这种痛苦的情感体验，会给人们造成不同程度的心理创伤，往往会使人处于强烈的焦虑、自卑、悲伤甚至绝望的消极情绪中，也会使一些人产生自暴自弃、对人不信任、猜忌、报复等不良心理障碍。从这个角度讲，失恋可以称为人生中最严重的心理挫折之一。然而，失恋也是个人成长的一部分，如果能正确对待，它就会成为生命中的一种蜕变和提升！因此，任何一个人，都必须以达观的心态面对爱情，要学会坦然面对爱情带来的悲欢离合，努力走出失恋的阴影，去经历成长，继续在美好的人生路上轻舞飞扬。

看开一点，何必跟自己过不去

在生活中，女人不管遇到什么事，对自己好一点儿，不要把苦闷留给自己，不要跟自己过不去。

现实生活中，我们发现有些女人爱赌气，遇事想不开，易迷失自我，在情感得失之事上，也总是拿不起放不下。同时，有些女人，还爱钻牛角尖。甚至在现实生活中，很多女人有点“神经质”。为何那么多的女人，老是与自己过不去呢?不妨静下心来想想，让内心保存一份悠然自得；不要一味地自己过不去，也不要责备和怨恨自己。因为，你已经尽力了。

有句话说的好：“一个人的世界，一个人的快乐和成功只属于这个人自己。”凡事别跟自己过不去，永远保持对生活的美好认识和执著追求，才能做到更加珍惜生活，积极创造生活。

武炎是个在外留学的女生，有一次，她参加一个冬令营，参加的成员都是大学生。大家围在营火旁聊天，她发现自己的见识、观察和表达能力，都比其他学生差，觉得自己不适合和她们在一起交流，于是就躲到一边看书去了。当有人问她以前念哪个学校时，她讲不出口，就神祕地说：“你猜?”没想到那个人说：“肯定也不是什么好学校！”她的自尊心于是更受打击了。

当别的女孩正在尽情享受青春年华时，她却总是跟自己过不去，一天闷闷不乐的，和同龄的人她也离的很远。她的这种异常被老师发现了，在一次师生交流会上，老师单独和她聊起了她这种心理的危害。

“你知道吗?你是个很出色的女孩，你到学校来的时候，你的英文成绩是最棒的，可是为什么现在下降了呢?是因为你不愿意交流，我很少看见你和同学们说话。”老师问她。

她也就把自己的心事跟老师和盘托出了：“因为我觉得她

们很排斥我，我是个二流大学出来的学生，只是因为英语还可以才被送来留学的，她们自然瞧不起我。”

“你多想了，同学们没有这样的想法，你不要认为自己不如人。你是个优秀的中国女孩，放下你心里的包袱，不要跟自己过不去。”

晚上回去，她想了很久，觉得老师说的的确很对，跟自己过不去只会让自己不开心，还会影响学习，何必呢?

从那以后，她就变得开朗多了，人也自信多了。后来有个女生对她说：“你这么棒，肯定是从名牌大学来的吧。”她笑了笑。

几年以后，她以优异的成绩归国。

武炎克服了自己的心理障碍，打开了心结，才让自己走出了孤僻的阴影。的确，做人何必考虑那么多呢？跟自己过不去只会让自己不开心。对自己好一点，善待遇到的麻烦事，也就是善待自己。

李杰是个军嫂，她和很多军嫂一样常年独守空闺，期望自己可以和丈夫团聚的时间多一点，但最近她不自在了。

其实也不是什么大事，本来以她丈夫的级别每年有两个月的假，能在一起的时间也不算少。每年都是过年的时候休息一下，夏天六七月中间的时候再休一个月，那中间还有小长假大长假的。过去她的丈夫经常还请假回来，也算每个月基本能见一次面。可今年快到七月中旬了，没听说丈夫要休假。李杰问他，丈夫说领导说有事，不让休假。可李杰想，真有这么忙吗，为什么以前都是很急着想回来，现在却没见他急过？

李杰清明的时候去看过丈夫一次，而丈夫从清明后一直没回来过，她感觉有事情，为什么他不想家了呢？女儿也不要看了吗？另外她又想：我和老公是相亲认识的，所以很多事情不知道，包括以前他的感情经历。婆婆在我面前夸他儿子能干时说漏过一件事：他在现在的单位是因为想见以前的女人犯了错误而被发配到这里的。本来在部队机关，基本每个星期都可以回家。

说者无心，可她听后一直心理不平衡，丈夫从来没有为自己做过这种事情。她的大脑里一天到晚都在想这些事，以至于经常跑到丈夫的单位打听情况，搞得丈夫在单位的声誉也不好了。

后来，一个偶然的机遇她碰到了丈夫战友的妻子，两个人聊开了，她把自己的事也都说了。

“大嫂，你何必拿这种事来折磨自己呢，听我们家那口子说，大哥在战友面前一个劲儿地夸你能干呢。哪儿会干出你想的那些事呢？你肯定想多了。”

她回家想了想也是，丈夫是个好人，而且丈夫在单位很上进，不能总是往家跑。想着想着，丈夫就回来了：“老婆，对不起，这几个月让你委屈了。”

当她看见丈夫的那一刻，她感觉自己无比幸福。

李杰及时想通了自己的想法是错误的，她没有长时间的跟自己过不去。这时候，她盼望的丈夫回来了，事实证明也并不是她想的那样。

生活好像是一场游戏，生活是一壶陈年老酒。每个女人都应该学会享受生活，轻松而快乐地度过每一天。把自己的心态摆正，用一颗平常的心去体味人生，享受生活。在这个世界上，有许多事情是我们所难以预料的，我们不能控制际遇，却可以掌握自己；我们无法预知未来，却可以把握现在；我们左右不了变化无常的天气，却可以调整自己的心情。我们不知道自己的生命到底有多长，但我们却可以安排当下的生活。

是的，不管遇到什么事，对自己好一点儿，不要把苦闷留给自己，不要跟自己过不去。心态决定了你的生活是否快乐，而快乐的女人有着淡定的心，她们也从来不会和自己过不去，因为这是不明智的选择。坦然面对眼前的一切吧！

第9章　从容前行，给苦涩人生加块糖

生活中，人们常常祝福他人万事如意，然而，这只是人们的美好愿望。人生的道路崎岖不平，总是充满着各种艰难，一些人做着自己不喜欢的工作，兴趣和工作难以统一；一些人和不喜欢的人在一起生活，婚姻和爱情不能统一；一些人能力和潜力都无法得到充分发挥等。人们都在感叹生活不如意，但其实并不是生活艰难，而是我们的脚步不从容。现实中总有太多的不完美、不如愿、不尽人意。因此，我们不妨调整心态，正视这些遗憾，把缺憾当做朋友，这样，我们的人生才会圆满。

人生已经很苦了，别再苦了自己

我们都知道，身为社会的人，我们难免要与人打交道，也就难免要产生摩擦、误会、睚眦，此时，如果我们多体谅、包容他人，那么，彼此就能相视一笑；而如果我们“得饶人处不饶人”，那么，只能加大彼此间的矛盾，甚至产生仇恨。

有人说，人生原本艰难，又何必为难彼此？的确，宽容是人类的美德，更是一种最为宝贵的意识。人类社会的任何组织，小至家庭，大至社会、国家要和谐共存，都离不开这个“宽容”的意识。

古人云：冤冤相报何时了，得饶人处且饶人。这就是一种宽容，一种心胸宽大的表现。自古以来，宽容就被人们奉为一条至高无上的做人原则，也是中华民族传统美德中最推崇的一部分。生活中的每一个人，你也要时刻记住宽容为不可或缺的美德，即使与自己的对手较量，也一定要心胸宽阔，容人之不能忍，才能成就非凡的品质。有时候，包容他人，给别人一次机会，也就是给自己机会。

一次，楚王邀请群臣来喝酒，席间，为了助兴，楚王叫来了自己最宠爱的两位美人许姬和麦姬轮流向各位敬酒。

因为是在室外举办的宴会，所以，当一阵狂风吹来时，在场的所有灯笼和蜡烛都被吹灭了。此时，一个好色的官员趁机摸了许姬的玉手，许姬当然本能地甩了一下手。谁知道，这下子，她一不小心扯掉了这位官员的帽带。然后她匆匆回到座位上并在楚王耳边悄声说："刚才有人趁机调戏我，我扯断了他的帽带，你赶快叫人点起蜡烛来，看谁没有帽带，就知道是谁了。"

楚王听了，并没有责备那位官员，而是立即令人先不要点蜡烛，并对在场的所有人说："我今天晚上，一定要与各位一醉方休，来，大家都把帽子脱了畅饮一场。"

有了楚王的命令，大家也只好脱了帽子，自然也就看不出是谁的帽带断了。后来楚王攻打郑国，有一猛将独自率领几百人，为三军开路，斩将过关，直通郑国的首都，而此人就是当年揩许姬油的那一位。他因楚王施恩于他，而发誓毕生效忠于楚王。

“人非圣贤，孰能无过。”很多时候，我们放他人一马，就是给自己创造机会。很多时候，我们都需要宽容，宽容不仅是给别人机会，更是为自己创造机会。

的确，在我们与朋友交往的过程中，难免会遇上令人难以忍受的事情，也难免会产生一些摩擦。此时，如果我们凡事好争斗，非得争个是非对错，甚至得理不饶人，那么，长此以往，你的朋友必将远离你。我们不得不同时承认，很多朋友之间的友情就是由于无法彼此互相谅解和宽容而土崩瓦解了，让人为之叹惋！而当我们以宽容的心来对待时，我们的朋友就会被我们高贵的品质、崇高的境界以及人格力量所折服，彼此之间的友谊就会更加牢固、长久。不过，宽容我们的对手说起来简单，做起来并不容易。因为任何宽容都是要付出代价的，甚至是痛苦的代价。

其实，不仅与朋友相处需要一颗谅解的心，即便与你的对手较量，也不必要把事做绝。俗话说：“兔子急了也咬人。”你把别人逼得没有丝毫退路，对方除了奋力反击之外还能有什么选择？可见，对于我们的竞争对手或敌人，倘若我们能为对方留一条退路，那么，对方必定能感受到你的宽容。无疑，这是我们种下的善果，他日，对方必定也会为你留一条后路。

为了培养和锻炼良好的心理素质，生活中的人们，你要勇于接受宽容的考验，即使感情无法控制时，也要管住自己的嘴巴，忍一忍，就能抵御急躁和鲁莽，控制冲动的行为。对此，你需要做到：

1. 设身处地地从对方角度考虑问题，做到求同存异

宽容就是一种意见的保留，就是不勉强他人。从心理学角度，我们每个人的任何一种想法的产生，都是有理由的。如果你的想法与他人不同，那么，你应该多了解对方的这种想法的产生的根源，这样，你就能够设身处地地从对方的角度考虑问题了。

2. 用爱心包容别人

“包容”，归根结底，源于爱和理解。只有心中有爱，我们才能以同情的态度对待他人，才会充分尊重他人的立场和见解。只有爱，才能消除彼此的敌视、猜忌、误解。而爱的荒芜和消亡，将使最亲密的人彼此伤害、仇视以至兵戈相向。

3. 学会求同存异

当你与他人产生一些分歧时，不要显示你的嘴上功夫，将对方说得一无是处，甚至将对方贬低，这样做只会恶化你们的关系。任何人都有自己的人生观、价值观等，对同一件事，自然也会有不同的看法。俗话说：“对事不对人。”有意见可以保留，但不能贬低他人。

总之，宽容是一笔财富，拥有宽容，是因为拥有一颗善良、真诚的心。这是易于拥有的一笔财富，它会在时间的推移

中升值；它是一盏绿灯，帮助我们在工作中通行。选择了宽容，其实便赢得了财富。

放下，你才有双手触摸幸福

我们都知道，执著是一种良好的品质，是认准了一个目标不再犹豫坚持去执行，无论在前进中会遇到何种障碍，都绝不后退，努力再努力，直至目标实现。因此，历来执着都被公认为一种美德。然而，过分执着就变成了固执，这是一种弊病。固执的人之所以固执，是因为他们对于自己要做的事心存执念，他们认准了目标后便不再回头，撞了南墙也不改变初衷，直至精疲力竭。因此，有时候，要想重新审视自己的行为，在拿得起前，你先要学会放得下，放下那些无谓的执念，我们才能释怀，才能活得坦然。

有这样一个故事。

每天的同一时间，一辆豪华轿车总会穿过纽约市的中央公园。车里除了司机，还有一位无人不晓的百万富翁。百万富翁注意到：每天上午都有位衣着破烂的人坐在公园的椅子上死死地盯着他住的旅馆。

一天，百万富翁对此产生了极大的兴趣，他要求司机停下车并径直走到那人的面前说："请原谅，我真的不明白你为什么每天上午都盯着我住的旅馆看。”“先生，”这人答道，“我没钱也没家，只得睡在这长凳上。不过，每天晚上我都梦到住进了那所旅馆。”百万富翁听了以后，对他说：“今晚你一定能如愿以偿。我将为你在旅馆租一间最好的房间，并付一月房费。” 几天后，百万富翁路过这个人的房间，想打听一下他是否对此感到满意。然而，出人意料的是，这人已搬出旅馆，重新回到了公园的凳子上。

当百万富翁问这人为什么要这样做时，他答道：“一旦我睡在凳子上，我就梦见我睡在那所豪华的旅馆里，妙不可言；一旦我睡在旅馆里，我就梦见我又回到了冷冰冰的凳子上，这梦真是可怕极了，以至于完全影响了我的睡眠！”

是啊，贫穷或富裕的生活，都有它的得失，每一种生活都有各自的得与失，正如俗话所说：“醒着有得有失，睡下有失有得。”所以我们应该正视人生的得失。世间万事万物，来来去去，本就没有一个定数。我们不能左右世事，但可以左右自己的心。当我们拥有时，我们要懂得珍惜；失去时，也不可过分执著。人有悲欢离合，月有阴晴圆缺，以一份淡然的心面对，我们的心才会释然很多。

有人说，人的心像大海，可以容纳波涛和沙粒，也会变得杂乱无序；有狂风暴雨时凌乱起来，接着惊涛骇浪、海潮就会接踵而来。我们的心也一样，担忧多了，烦劳多了，包袱重了，我们就没有时间和心情去体会生命中的那些简单的快乐和美好。快乐其实很简单，快乐就是一颗水珠，她可以是早上晶莹的露水，也可以是一朵跳跃的浪花，还可以是一颗感动的泪水。所以，心累与不累，快乐与不乐，都取决于自己的心境；心态好，则轻松快乐多一些；心态不平静，则会怨天尤人，抱怨和憎恨就会充斥着心灵。生活中的我们，不妨学会放下世俗的偏见，放下得与失给自己带来的困扰，给心灵一个干净、朴实、美丽的空间。

的确，人世间的一切，无论成败得失，花开花落，荣辱功过……无数人为了这些前赴后继，呕心沥血、殚精竭虑、机关算尽，但到最后，他们才发现，原来一切都是过眼云烟，最终都化为尘土，随风飘去了，留下的还能有什么呢？似乎什么都没有发生过。放下束缚心灵的负担，轻松愉快地走过这短短几十年的人世光阴，才是我们对生命最本质和简单的诠释！

晋代的陶渊明在为官数十年之后，认识到官场的黑暗，于是，他最终弃官，归隐田园。虽然没有了富有生活，但他却感觉得意和轻松，毫无遗憾和留恋。“采菊东篱下，悠然见南山”就是他精神上的自由的最好写照。他这种洒脱的人生态度，千百年来，令多少人“高山仰止，心向往之”。

人的一生需要我们放下的东西很多。古人云：鱼和熊掌不能兼得。如果不是我们该拥有的，那么我们就得学会放下。人生注定要经历多姿多彩的风景，唯有放下具有别致的风韵。过去常听人说，人要懂得放弃。放弃是对事物的完全释怀，是一种高妙的人生境界。而放下则更具有丝丝缕缕的难舍情怀，是一首悠扬的乐曲，在每个人的心底奏起。

其实，生活中的我们也应该想一想，我们是否也心怀执念而让自己钻入了死胡同。人应该执著，但不应该错误地坚持一种想法。有时候，你可能没意识到的是，你坚持的想法是虚妄的。因此，我们应当学会放下，找到新的出路，重新审视自己的生活。

古人云：无欲则刚。真正的放下，才是一种大智慧、一种境界。因为不属于我们的东西实在太多了，只有学会放弃，才能给心灵一个松绑的机会。表面上看，放下了就意味着失去，所以是痛苦的；然而，如果你什么都想要，什么都不想放下，那么，最终你什么都得不到。人生苦短，无非几十年，有所得也就必有所失。只有我们学会了放弃，我们才会拥有一份成熟，才会活得坦然、充实和轻松。

宽容别人，也就是放过了自己

人生苦短，幼时不知世故、青葱茫然四顾；青年为前程奔波、中年为生活所累；春去秋来老将至，病痛又不邀而至……我们的一生始终没有停止过变化。然而在这短短的人生旅途中，有多少人心怀怨恨地生活着？不是怨恨同学就是怨恨同事或是怨恨亲朋，我们每个人的胸膛里都是熊熊的怨恨之火，有时候一丁点的小矛盾引发的怨恨就会导致灭顶的灾难。如果真的能够抛掉这许多的怨恨，以博大的胸怀去宽容别人原谅别人，才可能拥有一种很高的人生境界。

的确，人生在世，孰能无过？我们总是在埋怨、记恨他人，心里总是有放不下的结。然而，如果你想拥有一个成功的人生，就要学会原谅别人的错误，别让埋怨埋葬了你。不原谅的本质是，用别人的错误来惩罚自己；而原谅别人正是爱惜自己的做法。

有一天早上，在一所寺庙里，一位法师正好要开门出去，恰巧一个彪形大汉闯进来，狠狠地撞在法师的身上，并撞碎了法师的眼镜。谁知，这个大汉不但没有道歉，反倒说："谁叫你戴眼镜的？"

让大汉奇怪的是，法师不但没有生气，反而笑了笑，不语。于是，他问："喂！和尚，为什么不生气呀？"

法师向大汉解释道："为什么一定要生气呢？生气既不能使眼镜复原，又不能让脸上的淤青消失、苦痛解除。再说，生气只会扩大事端，若对你破口大骂或打斗动粗，必定会造成更多的业障及恶缘，也不能把事情化解。"随后，法师继续说："若我早一分钟或迟一分钟开门，都会避免相撞，或许这一撞也化解了一段恶缘，还要感谢你帮我消除业障呢。"

大汉听完这一番话后，十分感动。后来，他又问了许多佛的问题及法师的称号。在大师的一番教导之后，他若有所悟地离开了。

事情过了很久之后，一天法师接到一封挂号信，信内附有五千元钱，正是那位大汉寄的。

大汉为什么要给法师寄钱？原来，事情是这样的：大汉在读书时，不知勤奋努力，毕业之后，从事工作时也一直高不成低不就，令他十分苦恼。结婚后，因为不善待妻子，婚姻生活也不幸福。果然，有一天，他上班时忘了拿公事包，中途又返回家去取，却发现妻子与一名男子在家中谈笑。他冲动地跑进厨房，拿了把菜刀，想先杀了他们，然后自杀，以求了断。

不料，那男子惊慌地回头时，脸上的眼镜掉了下来。瞬间，大汉想起了师傅的教诲，使自己冷静了下来，反思了自己过错。

现在他的生活很幸福，工作也得心应手了，妻子也觉得他像变了一个人。因此，他特地寄来五千元钱，一方面为了感谢师父的恩情；另一方面也请求师父为他们祈福消业。

法师的宽容带给了大汉觉悟，教会了他用一颗宽容的心去对待别人。宽容是一条纽带，让我们彼此相连，让我们认清彼此，珍惜生命。宽容不仅需要“海量”，更是一种修养促成的智慧，事实上只有那胸襟开阔的人才会自然而然地运用宽容。

日常生活中，令人烦恼的事情时有发生。有时不经意间，它都会突然出现在你面前，使你感到不快、厌烦；有时，还可能在你的心灵深处造成重创，甚至威胁你的生活。面对这些，你该如何对待呢?

第一，换位思考，理解他人。

同是一朵花摆在面前，会有“花谢花飞飞满天，红消香断有谁怜”的感怀，也会有“落红不是无情物，化作春泥更护花”的深刻。同是一轮明月挂在夜空，张若虚会吟出“江畔何人初见月，江月何年初照人”的思索，李太白会叹出“床前明月光，疑是地上霜”的乡愁。你能苛责寄人篱下的林妹妹的伤怀，还是否认落红护花的事实?你能责怪张若虚是无病呻吟，还是能不屑李太白的乡情?恐怕都不能。同样，对于他人的过错，在我们看来，可能令人无法原谅，但如果我们站在对方的角度考虑，可能你会发现，原来也是情有可原。

第二，将自己的注意力从别人的错误身上转移，而关注自己内心的感受。

其实，我们自己都清楚，我们是否原谅别人，只会对我们自身产生影响，我们会变得愤懑、痛苦，而对方却没有这样的感受。如果我们懂得爱惜自己，那么，就要懂得原谅，生气其实就是对自己的一种折磨。是否原谅，表面上看是个包容和胸襟的问题，其实，它是一个懂不懂得自爱的问题。在这样的一个社会当中，我们必定会受到别人的很多欺负、伤害、冤枉，但我们千万不要伤害自己。

从另外一方来说，对于犯过错、已经悔过自新的人，如果不懂得宽容他们，而是继续以一种另类的责备的眼光看待他们，给他们贴上“罪人”的名片，那么，在全盘否认别人的同时，你得到了什么？而如果选择原谅，情况则会循着一条神奇的轨迹转变。当我们改变了，别人也会跟着变；我们改变待人的态度，别人也会调整他们的行为；在我们修订对事物观点的同时，别人也会随着我们的新期望做出反应。

有人曾说，世界上最宽阔的是海洋，比海洋更宽阔的是天空，比天空更宽阔的是人的胸怀。宽容是一种高尚的善意，能使人换位思考，处理好人际关系。若无宽恕，生命将被永无休止的仇恨和报复所控制。只有善于团结，才会得到友善的回报！

空想太多，反而让你精疲力竭

人的一生，要经历很多的人和事，不管我们愿不愿意，这些人和事，都会或多或少地在我们的心中产生挂牵。对于过去，我们常常会感到后悔；对于现在，我们也会经常陷入迷惘；对于还没有来到的，我们则会有太多的想法。如此，快乐总是与我们擦肩而过。

其实，人生幸福最大的敌人就是想法太多、患得患失，在这种心理的支配下，得到了会担心什么时候失去，就会千方百计地保住手里的东西；失去了又会心有不甘，就要处心积虑地想着如何再赚回来。如此每日忧心忡忡、殚精竭虑，又怎么能享受那份轻松的快乐呢？

不得不承认的是，我们每个人都要对生活、对人生有想法，毫无目的的人生显然是浑浑噩噩的。只是如果我们想法太多，那就会给自己带来更多的困扰。这些困扰就像是一块块压在心头的巨石，让我们的心逐渐变得冰冷而又僵硬，快乐也会随之离我们远去。那么，幸福、快乐的生活蓝图又是怎样的呢？

从前，有两位孪生姐妹，姐姐嫁给了一个有钱人，过上了锦衣玉食的生活，但她似乎并不快乐；妹妹则嫁给了一个豆腐作坊的穷人。有一天，闲来无事的姐姐想去看看妹妹过的怎么样。来到妹妹家，她看到妹妹正在辛勤劳作，却还唱着歌儿。姐姐恻隐之心大发，说："你这样辛苦，只能唱歌消烦，我愿意帮助你，让你们过上真正快乐的生活，谁让我们是姐妹呢？"说完，她放下了一大笔钱送给妹妹。

这天夜里，姐姐回到家后，躺在床上想："妹妹不用再这么辛苦做豆腐了，她的歌声会更响亮的。"

第二天一早，姐姐又来到作坊，但却听不到妹妹的歌声了。她想，妹妹可能激动得一夜没睡好，今天要睡懒觉了。

但第二天、第三天，还是没有歌声。姐姐好奇怪。就在这时，妹妹拿着姐姐给自己的钱，着急地对姐姐说："我正要去找你，还你的钱。"

姐姐问："为什么？"

"没有这些钱时，我每天做豆腐卖，虽然辛苦，但心里非常踏实。每天晚上，能和丈夫、孩子一起数今天赚了多少钱。而自从拿了这一大笔钱，我和丈夫反而不知如何是好了——我们还要做豆腐吗？不做豆腐，那我们的快乐在哪里呢？如果还做豆腐，我们就能养活自己，要这么多钱做什么呢？放在屋里，又怕它丢了；做大买卖，我们又没有那个能力和兴趣，所以还是还给你吧！"

姐姐非常不理解，但还是收回了钱。第二天，当她再次经过豆腐坊时，听到里边又传出了小夫妻俩的歌声。这时，她似乎知道为什么妹妹过得比自己幸福了。

听完这个故事，可能有些人有所感悟。的确，金钱、权力、地位都不是我们幸福的源泉。换个思维方式，其实，简单、平淡的生活就是对幸福的诠释，专注体会身边的幸福生活，并不断感悟，我们的幸福指数才会不断上升。

《飘》的作者玛格丽特·米契尔曾说过："直到你失去了名誉以后，你才会知道这玩意儿有多累赘，才会知道真正的自由是什么。"的确，在那光鲜靓丽的外表下，在闪烁的灯光下，是一颗无法言语的疲惫的心。因此，幸福，它不是千金的财富，不是受人注目的地位。幸福是属于你自己的，如果你总是认为爱人赚的钱没有别人多，待遇没有别人好，孩子没有别人聪明，日子过得没别人滋润，那么你就感受不到幸福。而如果你把关注点放在家人的健康、有衣穿、有食物吃，一家人能够每天聚在一起吃饭，那么你就会觉得幸福。的确，关于幸福，变个思考的方式，一切就会不同。

可见，快乐源于简单，想得多了，快乐便少了。心无挂碍，就能让我们放下一切多余的负担，与快乐结伴同行。那么，现实生活中的人们，我们该如何放下那些太多的想法、专注于眼前的幸福呢?

首先，你需要看淡权力、地位。

德国精神治疗专家麦克·蒂兹说："我们似乎创造了这样一个社会：人人都拼命地表现，期望获得成功，达不到这些标准心里便不痛快，便产生耻辱感。"细究我们苦恼的原因，更多的是由于在现代的"嗜欲场"上，"肝肠"不是太"冷"，而是太"热"——太热衷于金钱、财富、地位、名声这些所谓"成功"的标准。达不到，就苦恼；什么程度算达到，自己也搞不清，因此只有永远苦恼下去。而学会以淡泊之心看待权力地位，这是免遭厄运和痛苦的良方，也是超然于世外的智慧。对这类苦恼，要想摆脱它，就要把名利、把世俗眼中所谓的"成功"看淡一些，就像明代文学家屠隆讲的："嗜欲场上，肝肠欲冷。"

其次，你要让自己成为一个有价值的人。

爱因斯坦说："不要努力成为一个成功者，要努力成为一个有价值的人。"英国作家王尔德说："人真正的完美不在于他拥有什么，而在于他是什么。”新时代的人们都要努力为社会、为国家创造价值。比如，对于个人来说，过多的财富是没有多少用的，而为社会创造财富，并把多余的财富贡献给了社会，这就能体现我们的价值。

可见，生活中的人们，如果你不想淹没在芸芸众生中，那就要保持一颗区别于世俗的心。乐于淡泊，安于淡泊，并不表明拥有超凡脱俗的境界，而只是自己一种固有的生存方式的自然呈现。淡泊名利，你也就远离了苦恼，得到了幸福。

祸福自便，不纠结于眼前的一事一物

生活中，世事难料，因为任何事情都有一个变化发展的过程，此刻不如意并不代表你一生不幸福；人生充满得失，此时你满面春风并不代表你一生顺利。虽然我们不能掌握变化无常的事态，但我们可以掌控自己的心态。“不以物喜，不以己悲”这种淡定通达的心态，正是现代人要追求的。

《老子》五十八章中讲道：“祸兮福之所倚，福兮祸之所伏。孰知其极，其无正。正复为奇，善复为妖。人之迷，其日固久。”意思是，无论遇到什么事，都不要沉迷于单向度的追求，而是要了解相依转换的道理，然后调整心态，走上自立自足的生活。祸福本身就是转换的，因此，不管你现在得到了什么，失去了什么，都不要纠结于一时，获得幸福需要我们把眼光放远。心态是自己选择的，祸会转化为福，福也会转化为祸；何不敞开心扉，坦荡地面对呢？

“塞翁失马，焉知非福”的故事，我们已经耳熟能详：

从前，在中国的边塞，有个智者，大家都叫他塞翁。

有一天，塞翁的马从马厩逃出去了，并跑到了胡人境内，很明显，这匹马就是别人的了。邻居们纷纷过来，向塞翁表达悲哀之情，但塞翁一点都不难过，反而笑笑说：“我的马虽然走失了，但这说不定是件好事呢！”

又过了几个月，这匹马居然自己跑回来了，而且还跟来了一匹胡地的骏马，这不是意外之财吗？大家都过来向他道贺，塞翁这回反而皱起眉头对大家说：“白白得来这匹骏马恐怕不是什么好事喔！”

塞翁有个儿子很喜欢骑马，有一天，他心血来潮，要骑这匹“外来马”，结果一不小心从马背上摔下来跌断了腿，邻居们知道了这个意外又赶来塞翁家，慰问塞翁，劝他不要太伤心。没想到塞翁并不怎么太难过、伤心，反而淡淡地对大家说：“我的儿子虽然摔断了腿，但是说不定是件好事呢！”

儿子摔断了腿，塞翁居然认为是好事，邻居每个人都莫名其妙，他们认为塞翁肯定是伤心过头，脑筋都糊涂了。过了不久，胡人大举入侵，所有的青年男子都被调去当兵。胡人非常的剽悍，所以大部分的年轻男子都战死沙场，塞翁的儿子因为摔断了腿不用当兵，反而因此保全了性命。这个时候邻居们才体悟到，当初塞翁所说的那些话里头所隐含的智慧。

塞翁的确是个智慧的老人，他就懂得“福祸相倚”的道理，因此他既不以福喜，也不以祸忧。后来这个故事在人间流传了几百年，成为人们经常规劝他人的一个成语：指祸与福相因而生，互相转化；虽然一时受到损失，反而因此能得到好处。也指坏事在一定条件下可变为好事。

古时，尤其那些身为性情中人的文人骚客，情绪变化更是为人所不能掌控，王羲之的《兰亭集序》中就有此类心情的记载：此时的“是日也，天朗气清，惠风和畅。仰观宇宙之大，俯察品类之繁，所以游目骋怀，足以极视听之娱，信可乐也”快乐心情，突然能直转急下，变成 “快然自足，不知老之将至”之时，这是真正的乐极生悲，不得不让人也为之心痛！事实上，这并不是我们应效仿的处事方式，但因“乐极”而“生悲”的事情生活中每天都在发生着。乐极生悲一语在中国几乎妇孺皆知，但一般人对它的理解，往往是因快乐过度而忘乎所以、头脑发热、动止失矩，结果不慎发生意外，惹祸上身，化喜为悲。

可见，生活中，无论遇到什么事，心态一定要调整好，应随时随地、恰如其分地选择适合自己的态度和位置，既不以福喜，也不以祸忧，才能在事情的起承转合上控制好！

另外，我们还需要明白的是，当我们需要抉择时，绝不能因为害怕失去而不敢决定，也要调整好心态。

《孔子家语》里记载：

一天，在众随从的陪同下，楚王出游。半路上，他丢了弓，随从说要去找，但楚王却说；“不必了，我掉的弓，我的人民会捡到，反正都是楚国人得到，又何必去找呢？”后来，孔子听说此事，很感慨地说：“可惜楚王的心还是不够大啊！为什么不讲人掉了弓，自然有人捡得，又何必计较是不是楚国人呢？

“人遗弓，人得之”应该是对得失最豁达的看法了。就常情而言，人们都是有喜怒哀乐的，在得到一些利益或者遇到愉悦之事时，他们大都会喜不自胜，甚至得意扬扬；而在失意之时，却表现出懊恼、痛苦的情绪。而那些内心豁达的人却能看淡得失、功过荣辱，无论遇到什么，他们都能做到心平气和、冷静对待。

总之，生活中的人们，对于得失，要学会用超越时间和空间的眼光去观察问题，要考虑到事物有可能出现的极端变化。这样，无论福事变祸事，还是祸事变福事，都有足够的心理承受能力。

第10章　改变思维的视角，就能发现人生新天地

生活中，我们常听周围的人说“思维一变天地宽”。的确，无论是解决问题还是看待人生，思维都起着决定性作用。当我们陷入死胡同中时，如果我们能转换思维，能抓住问题的本质，就能将问题迎刃而解。面对平凡的工作，如果我们能运用思维的力量，那么，我们就能实现创新、获得突破；面对生活的不如意，如果我们运用正面的思维，那么，我们就会看到人生的美好。总之，我们要学会宽待人生，学会跳出固有的思维模式，多从新的角度去解释世事，你会发现，眼界开了，世界也就变美了。

换个角度，思维一变天地宽

生活中，我们都有这样的经验：当遇到一些棘手的问题时，我们常沿着自己惯有的思路寻找解决方法，但事实上，结果却是不尽人意甚至让我们走进了死胡同；而当我们回过头来反省时，却发现，原来有一条极为简单的方法。的确，那些原本看似错综复杂的问题，许多是我们的思维为其安上了复杂的外壳。如果我们能改变视角，转换思维，那么，问题便能迎刃而解。我们都明白，思维是一切竞争的核心，因为它不仅会催生出

创意，指导实施，更会在根本上决定成功，因为它意味着改变外界事物的原动力。如果你希望改变自己的状况，获得进步，那么首先就要从改变思维开始。

现在，我们来试想一下，当提到铅笔的用途的时候，你能想到些什么呢？可能你会说“书写”，但实际上，这只是铅笔的通常用途，你应当至少可以得出这样多的答案：绘画、当发簪、做书签、当尺子画线；它削下的木屑可以做成装饰画；在遇到坏人时，削尖的铅笔还能作为自卫的武器……所以，千万不要以为铅笔只有一种用途——写字。这就考验了你的思维能力。

事实上，生活中，一些人为了使思考的问题更加全面，他们会给问题设置很多规则，而这些规则对于问题的解决却是障碍，为此，你必须解放自己的思维，尝试着从新的角度去思考。

有这样一个有奖征答活动，题目是：一次，三个人一起坐热气球旅行，这三个人都是关系人类命运的科学家。第一位是核专家，他有能力防止全球性的核战争，使地球免于遭受灭亡的绝境。第二位是环保专家，他可以拯救人类免于因环境污染而面临死亡的厄运。第三位是粮食专家，他能在不毛之地种植粮食，使几千万人脱离饥荒而亡的命运。但旅行到一半旅程，却发现热气球充气不足。就在那一刻，热气球即将坠毁，必须丢出一个人以减轻载重，使其余的两人得以存活，请问该丢下哪一位科学家？

因为奖金数额庞大，征答的回信如雪片飞来。每个人都竭尽所能地阐述他们认为必须丢下哪位科学家的见解。最后，结果揭晓，巨额奖金的得主是一个小男孩。他的答案是：将最重的那位丢出去。

我们在赞叹小男孩的答案时，也不难得出这样一个结论：这个世界上没有任何事是一成不变的，世界上也没有死胡同，关键就看你如何去寻找出路。而改变事物的现状就是运用思维的力量，思路一变方法来，想不到就没办法，想到了又非常简单，人的思维就是这样奇妙。有一句话说得好："横切苹果，你就能够看到美丽的星星。"

无独有偶，在美国发生过这样一件事情。

柯特大饭店是美国加州的一家老牌饭店，饭店老板准备改建一个新式的电梯。他重金请来全国一流的建筑师和工程师，请他们一起商讨该如何进行改建。

建筑师和工程师的经验都很丰富，他们讨论的结论是：饭店必须新换一台大电梯。为了安装好新电梯，饭店必须停止营业半年时间。

"除了停止营业半年就没有别的办法了吗？"老板的眉头皱得很紧，"要知道，这样会造成很大的经济损失……"

"必须得这样，不可能有别的方案。"建筑师和工程师们坚持说。

就在这时候，饭店里的清洁工刚好在附近拖地，听到了他们的谈话，他马上直起腰，停止了工作。他望望忧心忡忡、神色犹豫的老板和那两位一脸自信的专家，突然开口说："如果换上我，你们知道我会怎么来装这个电梯吗？"

工程师瞟了他一眼，不屑地说："你能怎么做？"

"我会直接在屋子外面装上电梯。"

"多么好的方法啊！"工程师和建筑师听了，顿时诧异得说不出话来。

很快，这家饭店就在屋外安装了一部新电梯，而这就是建筑史上的第一部观光电梯。

在人们的传统思维中，电梯只能安装在室内，却想不到电梯也可以安装在室外。像这样固守成法、循规蹈矩的人比比皆是，问题不在于他们的技术高低、学识多寡，而在于他们突破不了常规的思维方式。工程师和建筑师被专业常识束缚住了，而清洁工的脑子里没有那么多条条框框，思路很开阔，所以才会想出令专家们大跌眼镜的妙招。

当然，你若想获得灵活的思维，就必须锻炼自己，以下是几条建议：

1. 敢于否定，打破传统思维

曾有人这样诠释创新："你只要离开常走的大道，潜入森林，你就肯定会发现前所未有的东西。"创新的成功，总是孕育着创新者的强烈创新意识。要想摆脱传统观念和习惯思维的局限，就要鼓励自我打破思维禁锢，突破常规的路线，激活创新的意识。

2. 善于变通，敢于尝试

变通思维是创造性思维的一种形式，是创造力在行为上的一种表现。思维具有变通性的人，遇事能够举一反三，闻一知十，做到触类旁通，因而能产生种种超常的构思，提出与众不同的新观念。科学领域中的任何建树，都需要以思维的变通为前提。一般来说，变通思维用好了，就会起到一种“柳暗花明”的奇妙作用。

总之，在生活中最大的成就是不断地自我改造，以使自己悟出生活之道。的确，在很多情况下，外物是无法改变的，能改变的就是我们的思想。遇到困难和变化时，让思维尽显其灵活和多变的本质，改变视角、转换思维，往往能得到更好的解决问题的方法。

勇于尝试，人生需要新鲜血液

我们发现，古今中外，任何一个成功者，都具有一些共同的特质：他们积极主动，富有创造力。同样，任何一个人，无论现在处于什么样的境况，要想在未来社会竞争中脱颖而出，那么，你就需要重视思维的力量。松下幸之助曾经说过：“今日的世界，并不是武力统治而是创新支配。”一个小小的改变，只要能跳出传统守旧的观念，将自己的思想方式巧妙地变一变，往往就会产生意想不到的效果。一个人有没有创造性是他的思维方式所决定的，创造性思维是创造力的核心，是人类智慧的体现，不寻常的思维会引导不寻常的成功。

人生的旅途中，不敢创新的人最终的结果只能在自己给自己限定的舞台上越来越渺小。没有舞台的演员就像被缴械的军人、被剥夺了笔的画家，成功离他就越来越远。

世界著名企业家狄奥力·菲勒并非出身于贵族和官宦之家，相反，他生于一个贫民窟，但幼时的他就表现出了与众不同的财富眼光。

很小的时候，他做了第一笔生意。那时，他想买玩具，可是又没钱，于是，他把从街上捡来的玩具汽车修好，让同学玩，然后向每人收0.5美元。不到一个星期，他挣到的钱就能买一辆新车了。从这件事中，他收获颇多。

成年后的菲勒更是有着惊人的生意头脑。一次，日本的一艘货轮遇到了风暴，船上的一吨丝绸被染料浸过，上等的丝绸变成了没人要的废品。面对这种情况，货主打算把这些布匹都扔了。菲勒听到这个消息后，马上找到货主，表示愿意免费把这批废品处理掉，货主非常感激。得到这些布，他就把它做成了迷彩服装。这笔生意让他赚到十余万美元。

再后来，菲勒曾用10万美元买了一块地皮。一年后，新修建的环城路在那块地附近经过，一位开发商用2500万美元从他手中买走了那块地。

菲勒的思维是与众不同的，他有一双发现财富的慧眼，能够“在别人司空见惯的东西上发掘商机”，这是菲勒最可贵的创业资本，也是他成功的秘诀。不过这里，我们更佩服的是他的勇气，那就是敢想并敢做。一个人，即使有再多的想法并信誓旦旦，如果不付诸实施，那也是徒劳。

人的一生就是一场冒险，走得最远的人是那些愿意去做、愿意去冒险的人。我们每一个人都要相信自己能成功，要鼓起勇气，尝试第一步，这才是真正的勇者。

创新者往往能抓住机遇的尾巴，为自己赢得新收益。我们经常说，方法总比问题多，事实上，人们都不愿意开动脑筋去寻找方法，因为这是一件伤脑筋的工作。于是，为了保险起见，我们更愿意使用前辈们已经传授给我们的方法和经验，而这却容易使得我们陷入思维的惯性中，即按固定的思路去想问题，而不愿意换个角度、换种方式去想，从而拘泥于某种模式。这样不仅不利于问题的更好解决，更是阻碍了我们的思维活性。

其实每个人都有自己的创新意识，有的时候只是处于隐蔽状态，未曾开发出来而已。因此，新时代的人们，只要你敢于突破常规、敢想敢干，一样能够突破自我。而这就需要你训练出良好的思维水平。

的确，即使再细小的事情，交与谁去做，是思考改良的人还是墨守成规的人，从长远地看，将产生惊人的差距。我们以扫地为例，每天反复琢磨如何扫得更干净、更快捷的人也许会成立独自承包清洁的公司并担任部门经理；与此相反，得过且过，懒得想办法的人一定依然每天继续扫地工作。

在昨日努力的基础上再稍加改良，今日要比昨日有进步，即使只有一小步。这种从不懈怠、坚持到底的态度，将终会与他人拉开巨大的差距。绝不走同一条路，是走向成功的秘诀。

在创新的过程之中，最可怕的是想象力的贫乏。爱因斯坦说："想象力比知识更为重要。"可以这样说，人的一切发明与创造都源于想象力。一个人一生的成就，全归功于他能建设性地、积极性地利用想象力。有与众不同的想法，才能有与众不同的收获。

你若要想成为一名拥有创造力的人，就需要：

第一，破除权威给自己带来的思想困扰。

第二，看到从众心理的危害，从众只会让你人云亦云。

第三，破除观念思维、经验主义等主观定势。没有所谓绝对的真理，因此，我们不仅需要敢于挑战专家的权威，也需要敢于自我否定。

另外，对于一个创造型人才来说，积极自信非常重要。拥有自信，才能够不怕失误、不怕失败地去进行新的尝试。在大多数情况下，不敢自信走"小路"的人，通常也难成为创业型人才。

萧伯纳有一句名言："明白事理的人使自己适应世界，不明白事理的人想使世界适应自己。”人都是在这种主动的不断调整、不断适应的过程中成长的。那些被动学习和工作的人，总是郁郁不得志。相反，那些积极上进勇于创新者，也许常有一时的困顿，但最终都能拥有一个比较辉煌的职业前景。

环境是特定的，人是灵活的。因此，人不能被特定的环境所压制，而是要努力去冲破环境的束缚。即，作为人是不能向环境屈服的，我们应该勇敢面对环境中的困难，要超越环境之上，做一个永远的胜利者。当一个人最想做自己的时候，那就等于想解放自我，而不再做环境的奴隶。即使这样做是要付出很大代价的也不怕。

一针见血，先找到问题的关键点

生活中，我们可能都有这样的经历：我们习惯于在看问题时根据事情的发展方向思考，但实质上，我们思考得越远，离事情的本质就越远，解决起来难度也就越大。而如果你能追根溯源、找到问题的本质，那么，问题解决起来也就能一针见血。

事实上，我们任何人，无论做什么，都要有灵光的头脑，善于创造性思维，不能钻牛角尖。这条路走不通，不妨转换一下思维，尝试一下反过来思考，先找问题的本质。思维一变天地宽。勤思考，善于逆向、转向和多向思维的人，总能找出解决问题的方法，总能以最少的力气，达到最满意的效果。

曾有人说，头脑是一切竞争的核心，因为它不仅会催生出创意，指导实施，更会在根本上决定是否能够成功，它意味着改变外界事物的原动力。如果你希望改变自己的状况，获得进步，那么首先要从改变思维开始。而我们在寻找解决方法时往往倾向于把事情考虑得过于复杂化，其实事情本质是很单纯的。表面看上去很复杂的事情，其实也是由若干简单因素组合而成的。

然而，要实现思维的简单化却绝非易事，我们需要进行一次彻头彻尾的心理革命，尤其是要培养自己一针见血地捕捉问题实质的能力。

有这样一则故事：

1870年，在查理斯·艾略特出任哈佛大学校长时，他找到当时著名的史学家亨利·亚当斯，想聘请他出任中世纪历史这门课的教授。起初，艾略特不管怎样苦苦劝说，亨利·亚当斯都没有任何表示。后来，亨利·亚当斯谦虚地说：“校长先生，我真的一点儿都不懂中世纪的历史。”听到他的回答，艾略特校长则客气地说：“如果你能够为我举荐出一位学者比你懂得更多，那我就聘请他。”结果亚当斯只好接受了聘请。

艾略特以自己灵活机智的思维，展现了哈佛校长的个人魅力，他的一句“如果你能够为我举荐出一位学者比你懂得更多，那我就聘请他”让亚当无从拒绝。的确，在多加劝说没有效果的情况下，不妨直接点，直击问题要害。从这个故事中，年轻人，你也应当懂得，将思维转个弯，很多事情都会迎刃而解。

同样，运用灵活的思维模式，你会发现，在第三产业逐渐发达的今天，只要能感觉敏锐，并能有的放矢地解决问题，那么，即使你没有足够的物质后盾，也能成功，也能获得财富。

日本有一家SB公司，生产的产品是咖喱粉。一段时间以来，这家公司的产品滞销，公司的经理一个个都“下了课”，连续换了三任经理。受命于危难之中，第四任经理田中走马上任。他意识到公司的产品卖不出去的原因是顾客对SB公司的牌子很陌生，很难注意到有这种产品。由于没有足够的资金，大量做广告是不现实的，但是如果不拼死一搏去做广告，那也无异于坐以待毙。

经理田中终于想出了一个巧妙的方法……

几天之后，日本的几家大报，如《读卖新闻》《朝日新闻》等刊登出了这样一条广告：

SB公司专门生产优质的咖喱粉，为了提高产品的知名度，现决定雇数架直升飞机到白雪皑皑的富士山顶，然后把咖喱粉撒在山上。从此以后，我们看到的将不是白色的富士山，而只能看到咖喱粉的颜色了……

在日本，富士山是一大名胜，不仅在日本人心目中，在世界人的心目中，富士山都是日本的象征。在这样神圣的地方，居然有公司胆敢撒咖喱粉？真是岂有此理！

SB公司的广告刚刚刊出，国内舆论一片哗然。很多人都知道这是SB公司故弄玄虚，但是对如此的言辞也是难以忍受，纷纷指责SB公司。本来名不见经传的SB公司，连续好多天在报纸、电视、电台等各种新闻媒体上成为了大家攻击的对象。

在一片舆论的声讨声中，SB公司的名声大振。临近SB公司广告中所说的在富士山撒咖喱粉日子的前一天，原先发表过SB公司广告的报纸都刊登出了SB公司的郑重声明：

“鉴于社会各界的强烈反应，本公司决定取消原来在富士山顶撒咖喱粉的计划。”

反对的人们欢庆自己的胜利，田中和SB公司的员工们也在欢庆他们的胜利。这样一番折腾，全日本的人都知道了有一家生产咖喱粉的公司叫SB公司，并且错误地认为这家公司是一家实力超群、财大气粗的公司。很多小商小贩都纷纷投到SB公司的门下，大力推销SB公司的咖喱粉，SB公司的咖喱粉一时间成了畅销产品。

这里，我们不得不佩服这位经理的智谋。在接手这家公司后，他很快认识到问题的实质在于公司知名度不高上。在广告费不充足的情况下，他一反正常思维，而采用在富士山上撒咖喱粉，使这家公司名声大振。很多时候，一个金点子花费不多，却拥有点石成金的力量。只有看到别人看不到的东西的人，才能做到别人做不到的事。灵活的头脑和卓越的思维为我们提供了这种本领，深入地洞察每一个对象，就能在有限的空间，成就一番可观的事业。

这里，我们看到了思维的力量，我们也应该锻炼自己的头脑，拓展自己的眼光和思维。因为这是一个脑力制胜的年代，谁的想法更高明、更有效，谁就更容易提升自己的价值，获得财富的垂青。

总之，有些事情看似不可思议，看似复杂难解，但只要我们跳出习惯的思维框框，抓住问题的实质，就会得出异乎寻常的答案。

积极向上，凡事往好处看

在我们生活的周围，我们发现，有人生活得幸福美满，有人生活得痛苦；在创业过程中，有人做得风生水起，有人却怎么也不见起色。如此大的差别究竟从何而来？仔细推敲，我们不难看出，前者拥有积极的思维，他们凡事都往好处想，而后者总是悲观失望。人生短短数十载，困难和挫折都在所难免，我们不能预知未来，但我们可以以一颗坦然的心面对。只要做到积极乐观、永不绝望，就一定能度过逆境。

我们每个人都应该学会在日常生活中培养自己乐观的精神，无论遇到什么事，都不要忧郁沮丧，无论你有多么痛苦，都不要整天沉溺于其中无法自拔，不要让痛苦占据你的心灵。事实上，积极的思维方式在人生事业中起着重要的作用，它包括：遇事积极乐观、有理想、努力、怀抱一个感恩的心、善待自己、善待他人等。

推销大师吉拉德的成功，也是源于他相信自己能成功的积极心态。

小时候吉拉德的父亲总是给他灌输一种消极的思想——“你永远不会有出息，你只能是个失败者”。这种思想令他害怕。而吉拉德的母亲却相反，她给他灌输的是一种积极的思想——对自己有信心，你绝对会成功的。只要你想成为什么，你就能做到。从父母那里，吉拉德时时感受到两种相反的力量，这两种力量一方面令他害怕，另一方面也让他产生信心。而最终，母亲灌输给他的这种思想取得了胜利，这就是为什么他能实现自己的梦想。

美国钢铁大王卡内基，少年时代从英格兰移民到美国，当时他真是穷透了。而正是“我一定要成为大富豪！”这样的信念，使得他于19世纪末在钢铁行业大显身手，而后又涉足铁路、石油业，成为了商界巨富。洛克菲勒、摩根也都是满怀欲望，并以欲望为原动力，成为了资本主义初期美国经济的胜利者。

我们再来看下面一个故事：

第二次世界大战期间，在德国纳粹集中营，飞扬跋扈的德国士兵要求英国战俘与他们进行一次足球比赛。在这些战俘中，有个叫贝鲁姆的人，他曾经是一名优秀的狙击手。他和所有的战俘都明白，这场比赛是不可能公平的，这只不过是纳粹分子折磨战俘的一种变相手段而已。

果然，在比赛前，这些德国士兵就已经在食物和水上克扣起来了，没有充足的体力，英国战俘自然输了比赛，这些德国士兵就借机嘲笑英国人。

但是，就在圣诞节前的一次比赛中，却出现了一次意外，这次比赛完全震惊了在座的所有德国高级军官。比赛前，所有的狱友都节省下了一点面包，然后送给贝鲁姆，使贝鲁姆的体力足够充足。

在比赛刚开始前的三分钟，贝鲁姆的表现就让德国士兵震撼了，他卯足了劲儿，顺利攻破了对方的放手，然后冲入敌人的禁区，一脚抽射，首破德国人的大门。

最后，德国队依然胜利了，但是他们所谓的战无不胜的神话却被一个缺少食物的战俘打破了。当然，贝鲁姆肯定逃不过德国军队的惩处，他被秘密处死了。其实，贝鲁姆早就料到了这一点。

一位英国作家曾经多次提到过这个叫贝鲁姆的人，他说，那场圣诞球赛后，贝鲁姆成为了集中营中希望和信念的支柱。

五十多年后，英国的一家体育电台播出了这个故事，结果接到了上千个电话，其中有一位老人是贝鲁姆的战友，他说，自从贝鲁姆进了一球后，他就坚信英国必胜。

贝鲁姆为什么能胜利？因为他坚信自己能成功，因此，他是积极乐观的。的确，人的一生就像一场比赛，你不可能总是处在优势地位，有时候你可能会被淘汰出局。但只要你继续参加比赛，就有希望存在，总会获得让你满意的成绩。天才未必就能富有，最聪明的人也不一定幸福。想要摆脱人生的困境，你要记住让希望的阳光照进心田，要努力拯救自己摆脱困境。

生活中的人们，你也可能遇到某些困难，遇到某些不顺心的事，你可能会因此而变得沮丧。其实，应告诉自己，困境是另一种希望的开始，它往往预示着明天的好运气。因此，你只要放松自己，告诉自己希望是无所不在的，再大的困难也会变得渺小。为此，当你情绪消极时，你可以这样暗示自己：“再大的困难，我也能挺过去！”“我就不信我战胜不了你！”

有人说，思维方式决定一切，这话是很有道理的。不同的思维方式会决定你看问题的不同角度，而从不同的角度看问题，结果往往有很大差异，正所谓“横看成岭侧成峰，远近高低各不同”。总之，只要是抱着乐观主义，就必定是个实事求是的现实主义者。而这两种心态，是解决问题的孪生子！

人生苦难，但也很美好

我们都知道，人生在世，谁都不会事事顺心，多半时候都会遇到不顺心的事。此时，如果我们自暴自弃，那么，人的一生就注定是失败的。而如果我们能突破思维的界限，看到美好的一面，然后朝着积极的方向努力，那么，事情也许就不是那么难了。

的确，生活的快乐与否，完全取决于个人看待人、事、物的角度。多从积极的一面看待世界，那么，世界就是美好的。罗丹说："这个世界不是缺少美，而是缺少发现。"我们都有一双眼睛用来看世界，但我们的世界观、对世界的认识都是不同的。我们还有另外一双眼睛，它是长在心上的，那就是思维的角度。它比自然造化的那双眼睛更为重要，因为它还能告诉我们：如何看自己、如何看世界。那就是"要拥有一双发现美的眼睛"。

为什么在一些艺术家里的笔下，那些平日里平凡的一草一木都显得那么栩栩如生、活泼生动呢？为什么很多人生活得很清贫简朴，却可以天天笑逐颜开、快乐幸福呢？因为在他们的眼里，一切都是美好的。

大多数夫妻生活在一起久了，就越来越多地发现对方更多的缺点，却很难发现对方更多的优点，而且这些与恋爱时的感觉是完全相反的，这是为什么呢？因为我们眼里留下的只是对方的缺点，并且夸大了对方的缺点，反而对他（她）的优点视若无睹。于是，矛盾自然而然地就会产生，对对方的厌倦自然也会产生。学着发现他（她）的优点吧，想着他（她）对你的好。原来，他（她）是那么值得你去珍爱的。

生活中，很多人总是抱怨自己活得累、烦恼不断。而其实，谁没有烦恼呢？只要生存，就有烦恼。痛苦或是快乐，取决于你的内心。人不是战胜痛苦的强者，便是向痛苦屈服的弱者。再重的担子，笑着也是挑，哭着也是挑。再不顺的生活，微笑着撑过去了，就是胜利。

卡耐基曾经遇到过这样一位女士：

这位女士一见到卡耐基，就开始抱怨，先是他的丈夫，她说她的丈夫不好好工作。接下来，她又开始抱怨她的孩子，说她的孩子不好好学习。总之，她有很多不满意的地方。等她抱怨完了，卡耐基对她说："这位女士，您太追求完美了。"当她听到这句话后，非常吃惊地看着卡耐基，过了好一会儿才说："卡耐基先生，您认为我非常追求完美吗？可我并不这样认为啊！而且像我这样相貌也不好、学历也不高的女人，根本不会去追求完美的。"

卡耐基说："您刚才跟我介绍过您的情况，您想想看，您的丈夫现在才三十几岁，但却有了自己的公司了，他已经是成功人士了，你为什么还认为他不够好呢？而您的儿子，他才小学四年级，每次也能考个不错的成绩，您又为什么不满足呢？您不是在追求完美吗？"听了卡耐基的话后，那位女士很长时间都没有说话，最后终于接受了卡耐基的意见。

其实，生活中有很多这样的人，他们总是对生活现状不满，总是想不断追求完美，有的人表现为对自己要求特别严格，而另一些人则对别人非常严格，但总体表现，就是看不到生活中美的一面，他们的脸上总是愁云密布。其实，如果他们能转换个角度，那么，生活中便处处充满美好。就如上文中那位女士一样，在卡耐基的点拨下，她看到了儿子学习成绩不错、丈夫事业有成这两点。

生活中。你可能遇到过这样的事：当一个满脸乌黑，一脸疤痕的女孩走到你的身边时，你的第一反应就是怎么有这么丑的人。其实当你细心打量后你会发现，她的笑容很灿烂；当你和她相处一段时间后，你又会发现她有颗善良的心。当你走在一块荒芜的田地里，田里堆满了垃圾，臭气熏天，你会很扫兴地想尽快离开这里。但当你停下焦急的脚步时，你会发现旁边有郁郁葱葱的小草正在茁壮生长，还有含苞待放的花朵迎着阳光格外娇艳欲滴。这些美就存在于丑陋中间，关键是要靠我们的眼睛去发现，善于从丑陋的背后去发现美丽。

要想看到人生的美好，首先，我们要懂得换位看世界。

其实，有时候，事物是美丽还是丑陋，关键在于我们怎么看。我们要善于去发现，当我们用眼睛去细心品位事物时，你会发现这也是一种幸福。

再者，你要相信生活中“美丽的意外”。生活中总是充满着各种各样的意外，有不幸的、有可笑的、有美丽的。当遇到不幸的意外时，我们可能会感叹生活不如意、命运不公平，更有可能变得消极处世，对生活失去信心。但你需要明白的是，无论现在的情况多么糟糕、生活多么坎坷，那都将成为过去。下一秒，你迎来的就可能是美丽的意外。生活总是充满变数的，时间不会为我们而停留。因此，当你学会面对这些突如其来的意外时，或许你已经成功了一半。那么，只有在勇敢面对的基础上加以智慧与随机应变，生活中不美好的意外才不会将你瞬间击垮。

参考文献

[1]冯雪钢. 尘世中保持一颗平常心[M]. 北京：当代世界出版社，2014.

[2]龙子民. 保持一颗平常心[M]. 北京：地震出版社，2008.

[3]于海英. 平常心做人，进取心做事[M]. 北京：中国广播影视出版社，2010.

[4]王琳. 保持平常心[M]. 北京：新世界出版社，2005.